历练

心有大格局，自有大境界

哲慧 著

中国华侨出版社

图书在版编目（CIP）数据

历练：心有大格局，自有大境界 / 哲慧著 . —北京：
中国华侨出版社，2017.7
ISBN 978-7-5113-6888-1

Ⅰ.①历… Ⅱ.①哲… Ⅲ.①成功心理 – 通俗读物
Ⅳ.① B848.4-49

中国版本图书馆 CIP 数据核字（2017）第 139594 号

历练：心有大格局，自有大境界

著　　者 / 哲　慧
责任编辑 / 柯　葭
责任校对 / 志　刚
经　　销 / 新华书店
开　　本 / 787 毫米 × 1092 毫米　1/16　印张 /20　字数 /290 千字
印　　刷 / 三河市华润印刷有限公司
版　　次 / 2022 年 2 月第 1 版第 2 次印刷
书　　号 / ISBN 978-7-5113-6888-1
定　　价 / 39.80 元

中国华侨出版社　北京市朝阳区静安里 26 号通成达大厦 3 层　邮编：100028
法律顾问：陈鹰律师事务所
编辑部：（010）64443056　　64443979
发行部：（010）64443051　　传真：（010）64439708
网　址：www.oveaschin.com
E-mail：oveaschin@sina.com

前　言

　　心有大格局，才能活出磊落、顺意的人生。

　　格局渗透于生活的每个角落，甚至于吃饭、聊天、看书、沉默，这些看似无关紧要的小事，也在无声表达着一个人的格局。

　　同样是遭遇棘手的问题，有人选择立刻冷静并想办法解决，也有人选择谩骂、责备与抱怨；同样是遭遇生活的困顿，有人能苦中作乐、不疾不徐，也有人深陷其中、自暴自弃；同样是追求梦想，有人能看得到"诗与远方"的清晰图景并为之努力，也有人每一步都很努力，却毫无方向、沦于徒劳。

　　有一句话说，一个人的格局与心胸是被痛苦和委屈撑大的。仔细想来，不无道理。

　　格局并非天然而生，是不断的人生求索与雕刻磨砺后的获得，它是时间与经历的馈赠。当你见过山外之山、人上之人，便会懂得眼下的成功不值得沾沾自喜，生活的琐事也无足轻重；当你历经过人生大大小小的沟壑，便会明白我们一次次地遭遇挫折与苦难，不是命运不济，而是为了抵达清平的智慧和豁然的宽容。所有不慌不乱的自信，不卑不亢的气度，不以物喜的淡然，不过是人生历练后的沉淀。

历经浮华，方可历练出淡雅素简的心；历经沧桑，方能体会生命的厚重和岁月的斑斓。本书从心态观念、为人处事、做事逻辑三个与我们息息相关的方面入手，通过入心的说理与贴切的事例，与你分享经过人生历练得来的智慧，愿你在人生的历练中，同样拥有睿智而宽容的人生格局。

目 录

第一篇　心态要有大格局

历练
心有大格局，自有大境界

第二篇　为人要有大格局

历练
心有大格局，
自有大境界

第五辑　明理的人放得下，故不痴

第六辑　重义的人交天下，故不孤

第七辑　重情的人淡名利，故不独

第三篇　临事要有大格局

第一辑　凡事皆有极重大之时，沉得住的便是静者

第二辑　凡事皆有极复杂之时，拆得开的便是智者

历练
心有大格局，
自有大境界

第六辑　**凡事皆有极困难之时，打得通的便是勇者**

厉练
心有大格局，自有大境界

第一篇　心态要有大格局

第一辑
微笑，不是表情，而是心情

你是否常常觉得心情很差，提不起精神？你是否喜欢板着脸，让周围的人也感染焦躁苦闷的情绪？人如果不断酝酿负面情绪，就会乌云满天，很难露出笑脸。

自我控制是一种心灵智慧，它的关键在于管理个人情绪，让每一份情绪既能够内敛，也能够释放。不让负面能量淤积在心灵中，让改变由表及里，先从一张笑脸开始。

改变情绪化，从一张笑脸开始

一天，一位女作家正在阳台上摆弄她养的花草，隔壁的主妇坐在阳台上，在一个大盆子里刷鞋，也许是换季的缘故，阳台上摆了七八双待刷的鞋，她手里的鞋刷不耐烦地刷着鞋面和鞋帮，女作家能够感受到她内心的烦躁。

这时，女人的丈夫出现了，他满面笑容，手里拿着一杯鲜榨的果汁。女人冷漠地抬起头说："放那儿吧，没空喝。"作家能够感觉到男人动作的迟缓，她明白，女人需要的不是一杯果汁，而是丈夫能够帮她分担家务。可是，在丈夫为她端来爱心果汁的时候，她实在没必要把自己的坏情绪发泄出来，破坏此时的气氛。因为这种坏情绪，让温馨的一幕荡然无存。

本来温馨美满的生活画面，被主妇的坏情绪完全破坏掉，如果主妇能够按捺住心中的不快，对丈夫说一声："谢谢。"露出一个笑脸，接下来的情形会是怎么样呢？也许丈夫也搬来一把小椅子坐下帮忙，也许丈夫会去厨房做一顿午饭，也许他只是站在妻子旁边说说笑笑，任何一种结果，都好过丈夫知道自己自讨没趣。妻子还在生气，她不知道下一次自己辛苦的时候，丈夫会再也没心情去榨一杯果汁。

有些人做什么事都讲究"心情"，心情好的时候，困难不再是困难，可以斗志昂然地与它斗争到底。伤心的事看来不值一提，怎么能为小事伤心？就算有倒霉事，也会一笑了之。只要心情好，一切都是光明的、积极的，寓意美满的；心情不好的时候就惨了，遇到高兴事也会哭丧着脸，遇到倒霉事更会痛不欲生，这时候做什么都觉得不顺，连带运气一路走低，身边愁云惨淡，前方暗无天日，这样的人有一个贴切形容：情绪化。

情绪化的人，总是在"好"与"不好"中来回转悠，最爱走极端，高兴的时候恨不得拿个喇叭广播，悲伤的时候恨不得流一水缸眼泪，他们无法在"好"与"不好"中间找到平衡点。他们永远为生活中的一丁点风吹草动大悲大喜，从来不知道什么是平静。而生活中，不如意的事远比如意的事要多，于是他们的情绪大多是负面的，消极的。

情绪化是理智的最大妨碍，因为激烈的情绪作用，人们很容易出现不冷静、草率、冲动等行为，进而妨碍与他人的和睦相处，还容易导致判断失误，做出错误决定。情绪化的人给人最大的感觉就是不成熟，有时甚至引起不必要的麻烦。所以，想要获得幸福，首先要控制好自己的情绪。

法国有一位喜剧演员，多年来一直保持着一个习惯，就是在早晨起床后进入卫生间，对着镜子练习如何微笑。有记者采访他的时候，问起他这个习惯。

演员说："有人说一个丑角进城，胜过一百个郎中，喜剧演员的天职就是给人带来快乐。在台上，我要让人发笑，在台下，我一定要对人微笑，让别人看到我就有一个好心情。何况微笑代表一个人对生活的态度，生活不就是一面镜子，你对它笑，它自然对你笑！"

表情是一个人情绪的最直观体现，一个常常愿意微笑的人，他的心灵大多是阳光的，即使在困难中，也愿意相信希望的存在。他们身边总有很多朋友围绕，因为一个随时能够露出笑脸的人，会给人带来心灵上的愉悦，微笑是面对他人的最佳表情。人们都说，伸手不打笑脸人，当人们看着你一脸和气，就算有再多的不满，也会淡上几分。

微笑，是面对生活的最佳态度。生活中总有很多事让我们恼怒、不安、惧怕、怀疑……想要对抗这些消极情绪，一定要告诉自己：一切都会好的，只要笑一笑，一切都会过去。人之所以克制不了自己的负面情绪，都是因为心中的某种欲望没有得到满足，产生了不平衡，但多数平衡不是一己之力能够解决的，不想要坏的情绪，只能靠自己的努力，随时用好的情绪来扭转。想要控制自己的负面情绪，也可以用微笑作为开始，当你努力使自己想开些，让自己面带微笑时，你的心情多少得到了疏通，不再那么压抑晦暗。

拥有健康的心态，关键就是要常常面带微笑，微笑可以给你一种积极的心理暗示，告诉你此时此刻你是自信的、自由的，你有良好的状态，随时可以释放自我，把握机会。不要让坏情绪左右自己，也不要让琐碎事务带走笑容。心情，应该由我们自己来决定。

越是计较得失，越容易失去

心胸狭隘的人就如蒙尘的明珠，不同的是，旁人蒙尘是环境的作用，而心胸狭隘的人却是自己使自己蒙尘，他们的想法也很简单：如果自己发光，照到了别人，岂不是便宜了别人？不成不成。于是，他们更希望自己黯淡一点，以免白白便宜了旁人。试想这种人如何成大事、立大业？他们一辈子都只能打自己的小算盘。

特别在对待他人的时候，有计较，就会有隔阂。总是觉得他人得罪了自己，或者总是觉得别人占了自己便宜，所以，在与人交往中，他们处于一种"严防死守"的状态，别人帮了自己，他们可能记不住，但自己如果给了他人什么恩惠，就记得牢牢的，总想着别人什么时候"报答"。更可怕的是，这些人根本不知道自己很小气，他们总认为自己很大方、很大度，更有甚者，就像全世界都欠了他们的，整天觉得别人对不起他们。

有个大学生暑假回家，突然有了社会调查的兴致。他家所在的小区处于繁华地段，楼下就有两大排饭店。繁华地段寸土寸金，饭店竞争激烈，生存不易。每次大学生回家，都会发现上一次回来看到过的几个饭店已经改了招牌，两年来，不知多少旧饭店倒闭，新饭店开张，只有一家店屹立不倒。更让大学生费解的是，这家店铺面不大，招牌不响，没有口碑相传的菜品，它不过是一间最普通的粥铺。

大学生几次去粥铺"调查"，才发现粥铺长盛不衰的秘密。这家粥铺招牌上写着"两元粥铺",花两元钱就能随便喝二十几种粥,喝到饱为止。看上去,这是一笔赔钱的买卖,还真有不少人进去光喝粥。那么,老板如何赚钱呢?

赚钱的不是粥,而是搭配粥的各种各样的小菜,还有馒头、花卷、烙饼、包子等等上百种主食、炒菜,这些东西价格说不上很高,但比市面上略高一点。来喝粥的人,总会搭配着买上几样,一天下来,老板非但没赔钱,反倒靠着这些简单的搭配,赚了不少。大学生这才明白"薄利多销"的意思,看来,生意场上,舍小利才能赚大钱。

人与人的相处中,斤斤计较只会带来相互算计与隔阂。那么,在社会上,特别是生意场上,斤斤计较是否就能得到更多?从这个故事来看,似乎不是。再瞧瞧市面上每一个得以确立口碑的品牌,都会打出"考虑顾客需求"的牌子,注重售后与服务,看似增加了成本,降低了赢利,但却得到了更多的推广,可谓"以退为进"。

不论生存还是处世,人们最需要的就是"空间"。空间越大,你发展的就越好,就像一株植物,放在花盆里,一丁点儿养分,只能长那么高;放在花园里,好一些;如果能放入辽阔的森林草原,让它尽情舒展,它自然枝繁叶茂。在处世时,我们完全可以迂回一些,退避一些,计较少一点,得到的会更多,至少,你会得到更多的空间。计较如果成为一种心态,就需要你高度警惕。就像进入集市选一颗珍珠,嫌这个不够圆,嫌那个有黑点,因为一点小毛病否定所有,最后只能两手空空。

与人相处切忌计较过度,朋友间计较太多,会因嫌隙而生疏;夫妻间计较太多,会因挑剔而怨恨;亲子间计较太多,会把亲情变为债务……人世间的感情你计较得越多,失去的越多,相反,你愿意相信"吃亏是福"，尽量为别人考虑，就会拥有许多真挚的感情。当你不再钻营蝇头小利，不再为闲言琐语烦心，你就懂得了真正的心灵智慧。

有缺陷的东西，因不完美而可爱

小和尚拿着画笔，在纸上画着一个又一个的圆圈，师父看见问："你在做什么？"

"师父，为什么我不能把圆圈画到最圆？"小和尚烦恼地说，"我已经练习了很多天，我发现怎么画都不能画出特别圆的圆圈。"

"我觉得，你已经画得很圆了。"师父说。

"可是比起那些拿圆规画出来的，它还是不够圆，我为什么画不过圆规？"小和尚说。

"圆规被制造出来，就是为了画圆，干不了其他的事。你是为了画圆才生的吗？不如它画得好又有什么关系？"师父哈哈大笑。

显然，小和尚是个完美主义者，做什么都要严格要求自己，这也就产生了一种挑剔心理，不管自己做什么，不能做到"最好"，就没有意义。可是，世界上哪有那么多十全十美？人们都认为维纳斯是美的，她的雕像偏偏是个断臂残疾人；人们都认为蒙娜丽莎是美的，她的微笑却没人能理解，十全十美的事物，只存在于我们的想象中。

每个人都想追求完美，完美是个让人心动的概念，犹如最美的宝石，每个角度打磨得光滑，光芒四射。但是，即使这样的宝石，依然会有人挑剔。有人说宝石太小，有人说色泽不好，有人说不够通透，有人说宝石只镶嵌在王冠上，太不平易近人……可见，每个人对"完美"的概念不尽相同，你心目中的完美，恰恰是别人眼中的不完美。贵重的宝石尚且不能符合所有人的心意，何况只是普通人。

也许只有缺憾才能成就完美，白璧微瑕，但瑕疵不影响它是一块质地优良的白玉，更可以将那瑕疵处加以发挥雕刻，成为独具匠心的艺术品。每个人对待自己的缺陷，也应该有匠人的心态，既然改变不了，不妨就把它作为特点予以发挥。就像一个模特唇下有一颗黑痣，所有人都说影响形象，但她若坚持下去，这颗黑痣就成了她的标志，让人们更能在一众佳丽中，独独记住"那个长黑痣的女孩"；等到她功成名就，黑痣更会成为她的招牌。

所有人都说，余先生是个很难相处的上司。

刚进公司的销售员，可以自己选择跟着哪个上司做事，那时候，大家都盯着销售王牌余先生，真的到了他手下，才发现天天生活在地狱中。

不可否认，余先生是个优秀的人，他的工作能力数一数二，据说在生活中，他也是运动、厨艺样样好的不可多得的好男人。作为上司，余先生会尽量把自己知道的东西教给下属，这也为他的形象大大加分。可是，几个月以后，没有一个销售员还愿意跟着余先生。

余先生对下属要求严格，惩罚分明，他认为按照他教的方法，每个人都能拿下预定数额的订单，拿不下，就是下属不肯努力——余先生觉得自己定的标准并不过分，那都是他还是新人的时候达到的，他甚至还把数量压低了一些。

但下属们的日子不好过，他们显然没有余先生的天分，很难完成任务，这时，他们就要面对余先生不断的责骂、冷言冷语或者板着的脸。迄今，没有人能达到余先生的标准，而余先生不觉得自己有错，他常怪其他人不努力。跟余先生相处，所有人都战战兢兢。

苟求别人的人，根本不管别人的处境，也不管别人的能力，苛刻地定下一个标准，让别人必须达到。而他们的标准，有时无异于让一个瘸腿的人去跳高。也许他们以为，自己定下的高标准是为别人好，却不知在别人心里，做根本做不到的事，是最消磨自尊心的一件事。做不到还要被人责骂，滋味就更不好受。他们非但不会感谢那些要求自己的人，反倒会有隐隐的怨恨，因为，人的自信得来不易，这些人却独断地轻易打碎，不留余地。

苟求自己的人，内心深处只有完美主义倾向，他们眼光甚高，不允许自己有一丁点失败，希望事事都做到十全十美，所以，他们的心理就像在走钢丝，稍有一点差池就会感受到挫折。这样的人因为要求高，心理也极不稳定，经常为一件没做好的小事大发雷霆，责备自己。他们活得很累，却不愿意自我解脱，仍旧按照自己的标准，如履薄冰地行事。

最让人觉得可恨的是自己没做好却还要求别人，自己做不到的事却觉得别人有义务做好。这种人习惯了自我中心，特别是在人与人的关系上，他们动不动就求全责备，指责那个指责这个，仿佛世界上只有他一个人是正确的。可以说，这三类人都在追求完美，但他们得到的，绝不是完美，而是发现了越来越多的瑕疵，越来越觉得无法忍受。但是，在他们无法忍受他人的同时，他人也越来越无法容忍他们的专断霸道。

人的心灵应该有一种"圆满"的自觉，不需要锱铢必较，逼迫自己和他人像一个车床上最符合标准的零件，要知道最符合标准的东西，恰恰最没有生气，也最让人不愿接近。而那些有缺陷的东西，却因不完美显露出可爱的一面，让人更容易心生亲近。对自己和他人，都不要太苛刻，以平和的心态欣赏，才会发现万物各有不同，缺点优点，构成了各自的美丽。

爱抱怨是心态，无关境遇

在生活中，我们总能听到别人的抱怨，自己有时也会忍不住抱怨，不管内容是什么，归结起来只有一句：我不满意。殊不知，当你不满意的时候，别人也正不满意，你期望得到的，正是别人不满意的。因为，抱怨不是真的因为环境如何，而是一种心态。

抱怨大多来自对自己、对环境的错误估量。不论做什么，我们都会对结果有一个心理上的期待，一旦结果差得太远，我们的心理无法接受，就开始习惯性地找借口，证明没有达到预期结果，并非自己不努力、没有能力，而是因为时机不对、环境不对、合作者不对，等等。总之，千错万错，都不是自己的错。

抱怨还有个特点，就是有传染性。一个地方如果有一个人开始抱怨，其他人最初是厌烦，想离得远点。等他抱怨的多了，其他人也开始抱怨，因为其他人心中也有很多不满意。于是，你抱怨我，我抱怨你，抱怨成了一个强大的病原体，让所有人心情郁闷，不得不用几句怨言发泄出来。发泄之后，事情没有任何好转，只好继续发泄。于是，抱怨一再持续，终于成了人的习惯，再也戒不掉。

小李刚刚进入公司，她年轻热心，希望和每位同事都保持友好的关系。没多久，公司在全体员工中征集新产品的宣传企划，这种企划无法一个人完成，员工们三三两两组成小组，小李发现，早她一年进公司的小刘没有进入任何小组，就主动提出与她搭档。

小李这个决定刚做，她的直属上司就委婉地提醒："别人不这么做，一定有他们的道理，你应该多想想再决定。"小李毕竟经验尚浅，对上司的话根本没想那么多。

等到开始做企划，小李才明白为什么大家都不与小刘搭档。小刘这个人有一些想法，但她有点独断，还喜欢指手画脚，总是让小李一个人去落实每个步骤，小李忙不完请她帮忙，她就嫌小李动作慢。企划做了两星期，小李憋了一肚子气，小刘埋怨了小李两个星期还没完，等到企划落选，她又到处抱怨，说自己的想法很好，可惜小李这个搭档步调太慢，不能跟上她的速度，言下之意，问题都出在小李身上。

吃一堑长一智，小李决定，今后除非万不得已，绝不跟小刘合作。而且，今后发现习惯抱怨的人，她也一定要躲得远远的！

团体中最让人讨厌的人，恐怕就是这种满口抱怨的人。他们不会检讨自己的失误，不会承担自己的责任，只会推脱，证明自己的清白。故事中的小李就遇到这么一个大小姐，不管她做了多少事，多么努力，那个没干什么的人依然带着挑剔的眼光，抱怨来抱怨去，最后小李算是明白了：这种人，理都别理才对，让她跟别人抱怨去吧！

喜欢抱怨的人，给人的第一感觉是什么？啰唆？不对，是无能。仔细想想，你见过哪个自信又有能力的人不断抱怨环境，抱怨他人？他们没有时间说抱怨的废话，而是忙着改造环境，改变他人。抱怨的人就如同自己赤着脚走在路上，他们不断责骂脚下的路有多硬，有多扎人，却忘记他们最应该做的是去找一双鞋子保护双脚。

　　有慧心的人从不抱怨，他们明白抱怨于事无补。抱怨就像枷锁，把心灵牢牢锁住，再也走不到更远的地方。而且，每一句抱怨都像锁链，会让心灵越来越沉重，透不过气。在这种情况下，智慧被锁住，无从施展，人们只会看到乌七八糟一团铁链。对自己而言，有这样的负担，谈何解脱？只能继续抱怨。

　　对于不满意的事，不妨以微笑待之，把抱怨的话消解在这一笑中。微笑就像一把钥匙，将心里的锁"咔嚓"一声打开，让阳光照进去，这时再看看自己抱怨的事，就会觉得不过是芝麻绿豆烂谷子，实在小得可以忽略。于是，微笑又像清风一样，把所有微尘吹得干干净净，心灵重新回归干净、轻松。

有智慧地表达愤怒

　　一位富翁大摆筵席，庆祝自己五十大寿。席上，几个儿子纷纷捧上自己准备的礼物，这些礼物价值不菲，都是富翁平日喜欢的古玩、古画，一时间宾客们羡慕不已，富翁的虚荣心得到很大的满足。这时，小儿子不小心将一个花瓶碰碎了。

　　富翁是个急性子，又有点迷信，认为在生日时有东西碎掉太不吉利，不由一个箭步冲上去，打了小儿子一个耳光。小儿子原本想以一句"碎碎平安"掩饰过去，没想到父亲会当场大发雷霆，当即大哭起来。一场生日会顿时一团糟，客人们劝的劝，拉的拉，还有人忍不住悄悄地笑……

好好一场筵席，被突如其来的意外打断，其实以外人的眼光看，这点小问题简直称不上问题；就算当事人自己反过头回味，也会觉得小题大做，得不偿失。有些人易怒，愤怒不容易克制，看到一丁点不如意的小事，都会忍不住火冒三丈。结果呢？就像故事中所说的那样，事情办得糟糕，有人受到伤害，有人加以规劝，更多的人在旁边看笑话，总之，对发怒者本人没有半点好处。

但凡负面情绪，最根本的原因都是心底的不如意。普通人的不如意，不过是路上的一个小水洼，有时泥水溅在脚上，皱皱眉也就过去了。喜欢愤怒的人则不同，他们的水洼里全是汽油，一点就着，不但烧得自己面目全非，而且定要殃及旁人，让旁人跟着不好过。等到他们冷静下来，发现脾气发得狠了，话说得重了，再去道歉，但人家委屈也受了，气也生了，心里的裂痕，哪有那么容易弥补？

怒气伤身，发怒会使人血液中的毒素增加，导致皮肤问题，加速大脑衰老，还容易使甲状腺失调，胃也好肝也好心脏也好，都会受到影响，至于"气得肺炸"，更说明怒火会让肺换气过度，危害健康。克制怒气不只是为了人际关系的和谐，更是为了自己有一个健康的身体，悠闲的心态，才能保证生命的质量。

有位将军动不动就发脾气，甚至曾在朝堂之上顶撞过皇上，因为他劳苦功高，别人都让他三分，但他的仇敌越来越多，将军也渐渐感到压力。这一天，将军走进寺院，请那里的法师给他提建议，想要改善自己的脾气。

一开始，将军的言语里还有些责怪自己的意思，到后来他越说越烦躁，最后说："我就这么个脾气，江山易改禀性难移，要我改？怎么改？"法师问："既然天生就有的东西，那拿出来给我看看，如果拿不出来，为什么改不了？"

将军听到这话有些生气，不客气地说："你们这些高僧都喜欢诡辩！"法师说："贫僧的话如果是诡辩，那将军的仇敌们对皇上说的，也许'诡'上数倍，到时将军该如何分辨，如何自处？人们说戒急用忍，不是委屈自己，而是为了周全，将军难道不明白这个道理？"

将军并非不明白"戒急用忍"的道理，正是因为明白，他才会进入佛寺。可是，脾气不是说改就能改，将军想得到的，是更加实用的建议。乱发脾气常常坏大事，给自己招惹不必要的麻烦。但火气上来的时候，常常不知道如何"熄火"，脾气毕竟是一种情绪，还是一种不易压制的激烈情绪。

克制怒气的方法并不难，在你感到生气的时候，先攥紧拳头，倒数三秒。三秒过后，告诉自己："三秒都忍住了，再忍一下。"忍过三十秒、三分钟，这气也就消了一大半，至少不会以最剧烈的形式发出来。只有耐得住性子，才能保证你做出的判断是理智的，你决定的行为是妥帖的，若任由自己发脾气，得到的只有敌视和仇恨，所以，凡事能忍则忍。

忍耐是一种美德，但无条件无限制的忍耐却是一种懦弱，有时候甚至会憋坏自己，让心灵变得阴暗。有智慧的人知道什么时候需要发泄，如何发泄。在原则问题上，他们掷地有声；在重大失误面前，他们临阵不乱，对责任人严惩不贷；看到不公事件，他们讨伐指责，更知道及时帮助那些需要的人——怒气不是不可以发，但要保证这火烧得有根有据，更要知道范围，星火燎原虽然壮观，却可能是大灾，那些恰当的火光，才能保证自己的明亮，同时让人看到人性的闪光。

人生漫长，要有些幽默情怀

男孩的父亲为人特别幽默远近闻名，他们家里虽穷，可整天都有欢声笑语。男孩从小很少流眼泪，因为父亲总会在他即将伤心的时候，抢先一步用幽默的语言开导他，让他立刻忘记不快。例如，男孩没进入好高中，和母亲两个人愁眉苦脸地打算未来做什么，父亲就说："你未来做一块豆腐我就满意了！"男孩没好气地问："为什么要做豆腐？"父亲说："你看，硬的时候是豆腐干，软的时候是豆腐花，薄了是豆腐皮，磨没了就是豆浆，霉了就是臭豆腐，全才！"男孩和母亲都笑了，在笑声中，孩子突然觉得一次没考好不算什么，只要是个人才，走到哪里都能有用处，都能混出头。

我们都曾有过这样的经历，特别倒霉的时候，心情沮丧到极点，这时候若有人在旁说一句笑话，哄得你开怀大笑，那失望情绪立刻就扫走一大半，再回想时，也觉得没有什么大不了。笑，就是有这样一种魔力，而幽默，就是笑容的最佳催化剂，不论是自我幽默还是他人善意的幽默，都能在关卡处点拨人：这件事不过如此，没什么大不了。

幽默，代表的是一个人征服忧愁的能力。一个笑口常开的人不但自己乐观，还能给别人带去欢乐与安慰，近日，一位禅师在山上遭遇一群猴子的"袭击"，他无奈地说："悟空，我真的不是你师父。"这样幽默的话语感染了很多人。也难怪人人都爱幽默大师，认为他们天生具有超凡的智慧，才能把大千世界变作笑语欢声的魔术台。

幽默，代表一个人的智慧，头脑死板的人很少幽默，只有那些脑子灵活的人才能锻炼自己的幽默细胞。一句幽默的语言，有时胜过长篇大论的说教，被人长久铭记，只要想到，就会会心一笑，觉得心头轻松。千百年来，人们累积了不少幽默素材，例如我们熟悉的歇后语，历朝历代传下来的笑话，不论在哪个年代，幽默都是人们不可或缺的生活调剂品。

又一次比赛结束了，只有10岁的东东又一次没有进入决赛，她是体育队里年纪最小的选手，大家都怕她想不开，琢磨着该怎么安慰她，只见她嘴一撇说："这个动作我在比赛前练习了几千次，竟然还失败了！"

大家以为她接下来一定会说出"我不做了"之类的丧气话，有几个人已经紧张地走上前准备劝劝她，没想到她话锋一转，咬牙切齿地说："下次一定要进决赛，不然我的几千次就白练了，太对不起它们了！"那一刻，教练和队友捧腹大笑。

人们为什么需要幽默？因为总有不开心的事发生，让我们眼角是酸的，心头是苦的，眼泪是咸的。但我们理想的生活应该充满甜味，这个时候，幽默应运而生，它巧妙地缓解了理想与现实的对立，将不愉快的心境来个转折，豁然开朗。就像故事中的小女孩，一句话不但开解了自己，也让周围的人笑开了花，看来，幽默就是人生的糖果，让人品尝生活的甜味。

每个人都应该培养自己的幽默能力，生活中，可以多听听他人讲的笑话，多看看那些有趣的综艺节目，一点一滴地记录使人发笑的因素，适当的时候不妨幽他一默，一定能让你给人留下更深刻的印象。还要记住，幽默也不是谁都能做到的，有些人不到火候，往往被当作耍贫嘴和抬杠，所以，幽默需要有度，也要看场合。

仔细想想，你有多久没有享受过大笑的滋味？也许你不能妙语连珠，至少你要有一点懂得幽默的情怀，不要把生活看得过于死板，了无生趣，以平和的心态看淡是非挫折，在这种健康心态之上，时时灵心点拨，娱人娱己，以畅快的笑容应对生活，以宽容的心灵接受他人的调侃，你会发现在苦难之上，余甘悠远，滋味醇浓。

你是否习惯了伤春悲秋

一个诗人和一位禅师在山间散步，此时正是秋天，看着树叶一片片落下，诗人伤感不已，念诵了不少悲秋的名句。正在歆歔，突听有人用破锣嗓子大声地唱着山歌，内容喜气洋洋，诗人悲秋的情绪立刻被破坏，他面色恼怒。

这时，见那唱歌的人牵着牛走了过来。诗人质问道："这么悲伤的景致，你怎么还有心情唱歌？"

"有什么可悲伤的？"那人莫名其妙地问，"庄稼收了，我高兴就唱了！"

"你为什么不看看这些落叶。"诗人说，"草木摇落，生命就这样消逝，再也回不来，你的生命也像这些落叶，就这样一年年一去不返……"

"你还是去那边的麦田走走吧！"那人不客气地打断他说，"麦子熟了，你就能吃饱饭了，这还不是高兴事？"说着牵着牛走远了。

"真是不可理喻！"诗人骂道。

"我倒觉得那位施主说得更有道理，荣枯有序，感怀那些逝去的，不如欣赏拥有的。"旁边的禅师如是说。

诗人天生喜欢伤感，特别是到了秋天，更是有了寄予情怀的理由。从古至今，悲秋的诗篇成千上万，但人们记下的并不多，反倒是刘禹锡那首"自古逢秋悲寂寥，我言秋日胜春朝。晴空一鹤排云上，便引诗情到碧霄。"常常被人们吟咏，表达心中的情怀。

伤感也是一种普遍情绪，当人们的心理长期处于抑郁状态，看到周围的人与事，甚至不相干的风景，都会联想到自己的不幸，继而产生伤感心态，不论是花落了，还是雪化了，都能让他们看到自己的"命运"。每当对什么事有无能为力的感觉，伤春悲秋的情绪就更明显，好像全世界的天都是阴的，没有任何事物让人开心。

伤感和伤心还不太一样，伤心都有一个具体的原因，情绪有个明确的中心；伤感却根本没有原因，情绪飘来飘去，极不稳定，什么事都可能成为他伤心的由头。所以，伤感比伤心"危害"更大，伤心能找到原因，伤感纯粹是一种心态，这种心态与其说是悲观，不如说是一种强迫症，即使有高兴的事，也要挖掘出伤心的一面，这样的人不幸福，怪不得别人。

《红楼梦》中，"秋爽斋偶结海棠社"是一个颇有趣味的回目，说的是在探春的提议下，大观园的姐姐妹妹成立了一个诗社，吟诗作对，彰显才情。在这一回，林黛玉写的"碾冰为土玉为盆"被大家称赞"果然比别人又一样心肠"，不过，最后社主李纨却判定薛宝钗的诗为胜者，因为薛诗沉着有身份，林黛玉的诗虽好，到底太过伤情。

李纨的评判，透露着一种大众审美：一味悲伤到底并不是最好的，最好的艺术应该"哀而不伤"，在极致的情绪中又有某种节制和含蓄，才能达到最美。

并不是所有人都喜欢《红楼梦》中的林黛玉，在有些人看来，她太爱使小性子，太爱伤感，不管大事小情，都要联想到自己的身世，不但自己心里不好受，也让周围的人跟着伤心。开始的时候别人尚能体谅她，时间久了，都会觉得她太想不开，毕竟，她有吃有住，过的是千金小姐的日子，还有贾母的疼惜，贾宝玉的爱护，总是哭啊哭，未免太不知足。

　　有些人喜欢把悲伤当作习惯，动不动就长吁短叹，泪流满面，让人们觉得他多么不幸。等到人们关心地去询问，发现不过是些鸡毛蒜皮的小事，这样的人，难免被人说"矫情"。最重要的是，就算再伤感，花照样会落，燕子照样每年往南飞，流水照样一去不回，伤感不能改变任何事。还可能会因为伤感伤身，耽误正事，这不是没事找事？

　　每个人都有感性的一面，物伤其类也好，恻隐之心也罢，有点伤感情绪，好过那些冰冷冷的理性至上者。但总是伤感的人却不聪明，人世的烦恼本来就多，你想要解决还没时间，哪里有那么多时间给自己找烦恼？生命想要有质量，就要把感性和理性有机结合，不要总在不合时宜的时候伤感，更不能因此耽误自己的心情。

　　人生没有那么多春花秋月，更多时候我们看到的是晓风残月。有慧心的人会在这些景致中体会自然深奥的规律，思索人生的道理。的确，人生有时就像落花，好在明年还会再开，虽然看上去不是那一朵，总是同一棵树；人生有时就像明月，盈缺有时，好在不会总是残缺，总有圆满的一天。行到水穷处，总能坐看云起，自然如此，生活如此，这难道不值得你微笑？

第二辑

云水，不是景色，而是襟怀

人世百态，人情百态，没有什么能完全顺从个人的心愿。多数事情，我们想的很好，却发现很多事情不以我们的意志为转移，为此，很多人失望，很多人挑剔，很多人无奈。

大度就是智慧。海纳百川，有容乃大，学会接纳，也就学会了快乐。每一道风景都不同，为什么要在心中限定规格，而不去学着欣赏那些别样的美丽呢？

开放，一种襟怀，一种勇气

做人要有这种"开放"的观念。开放，首先是一种襟怀。是一种包容万物的广博。世间万物各有不同，有你喜欢的，也有你讨厌的。狭隘的人只愿意接触喜欢的，对讨厌的能躲多远就躲多远，有时还会去诋毁，甚至消灭。但心理开放的人就不同，他们愿意接受人与人的差异，承认对方是对的，自己也是对的，这种"求同存异"的心性，让他们走到哪里都不会为情绪自苦，而是在各种环境下都能自得其乐。

开放，同时也是一种眼界。人的心大，看到的东西自然就多，接受的东西也越来越多。试想一个人如果只爱吃甜的东西，对其他味道一律排斥，他就会错过其他味道的美食。就算他本人觉得没事，旁人也要为他惋惜——为什么不多尝试一些呢？也许尝试过，你也会喜欢，也会欣赏；就算仍然没兴趣，也让生命多了一种经历。何况，人生与吃饭不同，经历越多，眼界就越宽，想东西也会更全面。

在与人相处时，有些人也喜欢自我设限，总是把认识的人分门别类，只和喜欢的人交往，完全不与讨厌的人接近，这就错过了了解他人的机会，也阻碍了人际关系的拓展；在学习知识的时候，更不能自我设限，认为自己只要学好某一科目就可以，或者认为某些东西根本不必学。现代社会，知识就是金钱，金钱有赚够的时候，学习却永无止境。

说到底，开放是一种襟怀和智慧，更是一种勇气，一个有心胸承受灾难挫折、成功失败的人，总是敢于在各个方面尝试，哪怕他们一次次撞上"南墙"，也不愿错过下一次机会。在学业上，他们坚持自己的专长，实现多向发展；在人际上，他们愿意和各种各样的人交朋友，哪怕那是别人口中的"怪人"；在生活中，他们永远愿意接受新鲜事物，不论他人褒贬与否。除了道德，他们不给自己设任何限制，因为他们知道，心有多大，舞台就有多大。

烦恼都是自找的

任何一种生活都会带来烦恼，例如各种条件便利的现代人，每一天都会遇到很多麻烦：早上起床，鞋子穿错了；换鞋子晚了一分钟，没赶上车；到了公司，上司心情不好；下班后去商场，发现电梯坏了；去快餐店吃晚饭，发现肉烧得过了火候……这些小麻烦，只要上心，就能让人烦恼，所以我们经常听人感叹："怎么这么烦呢！怎么什么事都不顺心呢！"

烦恼其实不是什么大事，很多人尽管烦恼，也懂得一笑而过，翻书一样翻过一页，就算过去了。真正让烦恼成为大事的，是人的心态。有人偏要和自己较劲，越是烦恼越要想，越想就越觉得麻烦，于是，所有的小麻烦都变成了大烦恼。更可怕的是，世间万物都有或明显或隐晦的联系，当烦恼多了，就会发现它们彼此盘根错节，这时，烦恼就变成了铺天盖地的罗网，让人觉得根本无法逃脱，于是，人们继续烦恼。

古时候有个杞国人，天天担心头顶上的天会塌下来，他每天都想着天塌下来，自己一定逃不掉，觉得自己很凄惨。他担心不已，竟然生起病来。

有朋友来看他，问他为了什么事病得这么严重，他忧心忡忡地将烦恼说了。朋友大笑说："天怎么会塌呢！而且，就算天真的塌了，你担心就能避免吗？"

在所有的烦恼中，最麻烦的有两样：一是为昨日烦恼，一是为明天烦恼。昨日已去，无法改变，烦恼也是白白浪费感情，世上没有后悔药，偏偏人们总是喜欢后悔；明日还不分明，烦恼也抵不过变数，更是无用之举，偏偏人们就喜欢担心明天会发生什么，似乎担心一下，明天就会变得顺心如意。这些人，都是杞人忧天。

时间是一个单向的过程，从昨天通向明天，只在今天稍作停留。它给予我们的只有二十四小时，说长不长，说短不短。利用得好，可以做很多有意义的事，但如果左顾右盼，一会儿想着昨天哪件事没做好，一会儿想着明天哪件事可能做不好，你还剩多少时间留给自己？留给那些真正该做的事？

烦恼到极点的时候，人们希望烦恼放过自己，让自己落得片刻清闲，其实不是烦恼不肯放过你，而是你不肯放过烦恼，不肯放开自己。总觉得多担心一点，多做一点，就能让自己的心情缓解一下，但烦恼不是心灵的放松，它只会让心灵的弦绷得更紧，让心头的大石压得更重。如果不能自己想开，不能把烦恼当作一件平常事，不为它浪费时间，任凭旁人如何开解，烦恼仍然是烦恼，根本不会改变。

天下本无事，庸人自扰之。有慧心的人当知道，自寻烦恼就是自苦。每日只想烦恼，更加看不透其他人事，对于一个人的判断力也有极大影响。何况，一个人应该向远处看，才能走得更远，只是看到眼前的一点小事，被小事绊住手脚，如何做大事？

能够忘却烦恼，体现了一个人的智慧，也体现了一个人的心胸。人的心胸装的，应当是雄心壮志，如果装满鸡毛蒜皮，这个人言语难免琐碎无味，相处不久就会觉得面目可憎，可见烦恼不是修养自身之法。人活于世，过好每一个今天，不去追悔昨日的事，不去担忧明天的事，才能尽人事听天命，福乐安康，摆脱烦恼的纠缠。

全然接纳不完美的自己

一户人家的媳妇每日晚睡早起，忙于织布，她织出的布又细又密，图案又美，街坊邻里都称赞不已。不论是丈夫、小姑还是公婆，都对她赞不绝口，可是，她却觉得自己做得不够好，织布图案虽美，但速度太慢，不及邻居家。

婆婆见媳妇每日为此发愁，就对媳妇说："一花一世界，每个人都有他的长处、短处，就如桃花和梅花，各有各的姣美，如何作比？你固然觉得自己织布不够快，他人也觉得自己织布不如你的美，还是应该自己看开一点，不要为难自己，才是舒心之本。"

媳妇听了，心中顿时开解不少。

故事中的媳妇能把布织得又细又美，这是她的优点。而且一匹布想要织得美，肯定要花更多的心思和时间，可她不满足，偏偏还要追求速度。虽说做人应当"严于律己"，但一味高标准严要求，把神经绷得紧紧的，就失了"要求"的本意，成了强求，甚至苛求。诚然，每个人都希望自己进步，比过去做得更好，但人的能力有限，或者拘于时运，事与愿违的情形比比皆是，若一一强求过去，恐怕人生的不如意只会成倍增多，而这不如意还是我们自己找来的，可谓自寻烦恼。

我们常常为了人情、为了照顾他人、为了礼貌等等原因，宽容他人的过失，容忍他人的不完美，对于自己，有时候却"狠了点"。每个人都想自己全面发展，无所不能，又有几个人样样都好？改掉缺点是没错，增长本领也没错，但每个人都有不适合的事，非要做好，不也浪费了做适合的事的时间？

包容，讲究万物皆在心胸之中，原宥其过，尊重其性，其中怎么能少了自己？与其勉强自己做那些不擅长的事，为什么不集中精力，把擅长的事做到最好？世人总是想着面面俱到，殊不知有重点才是成功的关键。如果对自己太苛刻，总拿自己的短处对比其他人的长处，只会丧失自信，再多的成就摆在眼前，也会觉得自己一事无成。

新学期有一堂选修课叫《科技与人的发展》，很多人听说过这个课程的名字，虽然看上去挺普通，但教课的老师学识渊博，谈吐风趣，备课认真，是每一年学生都会抢着选的课程。

第一堂课，学生们坐在阶梯教室里等待老师。老师出现了，是一个只有一只胳膊的中年男人，他似乎习惯了学生们惊讶的目光，自顾自地摆弄着幻灯片设备，一面对学生们说："少了一只胳膊，效率只有一半，你们可要多等等才行，不过没关系，我的舌头很灵巧，可以和你们说话。"学生们哄堂大笑，大家立刻喜欢上了这个幽默的老师。

对待自己不完美的地方，很多人讳莫如深，很怕别人知道，更怕被人嘲笑。故事中的老师显然不是这类人，对待自己肢体上的残疾，他看得开，也不在意，即使少一只胳膊又怎么样？不过是效率低了点，但他仍旧是受学生欢迎的老师，缺陷丝毫没有影响他的能力、他的形象、他给人的好感。甚至，他的豁达与乐观，让学生更想要亲近他。

我们不但要对别人宽容，也要对自己包容。那么，我们怎样才能学会宽容地对待自己？首先要懂得全面分析自己。凡事不要太强求，不要把自己当成一个万能的超人，每个人都有缺点，有些缺点需要改正，有些缺点无法改正，甚至可以说，它是你的一种特点。总是对自己求全责备，很容易对自己丧失信心，甚至变得自卑。

每个人都想别人看到自己完美的一面，留下最好的印象，但有的时候人们偏偏看到了不完美，而且，还有些挑剔的人专门找别人的缺点，你能有什么办法？其实，自己说出来，比别人说出来更好，自嘲的人往往让人觉得很可爱。人的心需要保持一种平衡，既不要太自负，也不可太自卑，对自己的优点，心里有数；对自己那些无伤大雅的缺点，能做到一笑置之，这就是一种襟怀。

保持心理平衡的最好办法就是学会自嘲。缺点和不完美有什么大不了，不如当笑话说出来让大家也笑一笑，一件事人们开过玩笑以后，就再也不会嘲笑。例如一个胖子如果总是遮遮掩掩，在人们心中，他不过是个自卑的胖子，但是他如果随便说几句自己"人宽心也宽"，那大家会把"宽"当作他的优点记下来，留下大度的印象，至于胖不胖，那已经是细枝末节问题。把自己的不完美转化为一种特点，甚至一种优势，这才是真正的智慧。

与其抱怨生活不公，不如改变

对待生活，人要有自己的襟怀和气量。这种襟怀并不是逆来顺受，而是一种理智的接纳。

人们希望生活它慷慨仁慈，给自己更多的机遇与好处，但生活本身不可测，有时候甚至让你措手不及。对待生活，人们有三种基本态度：

第一种，对生活中的任何事，都早已麻木，毫无知觉，既不悲也不喜，每天庸庸碌碌；第二种，厌恶生活中的不平，抱怨或者远远地逃避，以一种消极的心态应对；第三种，勇敢地面对生活的挑战，让自己一天比一天进步，接受生活，改善生活。显然，第三种状态是最佳的，可惜绝大多数人被生活磨成了庸碌者或愤世嫉俗者。

总觉得生活待自己不公，是因为心胸不够敞亮，总是记得那些不如意，从来不看看生活给自己的馈赠，似乎这一切都是理所当然，有一点不满意就要哭天抢地。这样的人，如何获得生活的青睐？就像你对一个人很好，他偏偏看不到，却总是挑你的毛病，你还会待他像以前那样吗？如果你要把生活"人格化"，就以正常客观的心态对待它，否则你只会失望。

一个女孩总是抱怨自己找不到真正的好朋友，她常常说："真希望有个仙人，赐给我一个真心实意的朋友。那该有多好。"她的祈祷感动了神仙，神仙下凡问她："你想要一个什么样的朋友？我可以帮你寻找。"

"性别不重要，重要的是要了解我，欣赏我，愿意照顾我。"女孩说。

"这不难，你身边应该有很多这样的人。"神仙说。

"他最好非常优秀，事事都能为我出主意，能够很好地帮助我。"女孩说。

"这也不难，你以后会遇到很多这样的人。"神仙说。

"在我需要的时候，他总是能出现在我身边，为我分担。"女孩继续说。

"这个有难度，不过应该也能找到。"

"不能重色轻友，要把爱情和友情一碗水端平。"

"这好像有点过分……"

"不论我犯了什么错误，他都能有宽容的心态……"女孩还要继续说下去，神仙摇摇头说："不用说了，你想找的人地球上没有。而且，你能不能告诉我，如果你有这样一位朋友，你能为他做什么？做得到你说的这些事吗？"

对他人，也不要要求太多。人们习惯以苛刻的标准要求那些和自己有关的人，对陌生人却愿意宽容，在利益有冲突的前提下，人们的竞争越来越激化，对敌人的要求就更为简单。这就像看到一个多年行善的好人犯了错误，忍不住呵责；看到一个作恶多年的坏人偶尔做了一件好事，就念念不忘。这种"差别待遇"导致了世界观的扭曲，偏偏多数人都有这么一种心理：好的东西看不到，专门盯着错的。这对身边关心你爱护你的人，公平吗？

更有人整天活在算计之中，心胸狭窄拉低了他们的智商水平，变得越来越狭隘，越来越在乎那些不合自己心意的人和事，恨不得它们统统消失。可是，你不是神仙，没有人有义务对你百依百顺，算计来算计去，生活也许会在你的手上稍稍更改，但大的方向依然不是你能把握，令你烦恼的事依然层出不穷。你想要更加平和顺心地过下去，却发现机关算尽太聪明，反落得一身不是，远不如那些豁达的人来得爽快。

要学会大事化小，小事化了，消化生活中的种种不如意，才能把那些负面因素抹掉，看清生活的本来面目。你会发现不如意的背后，也有机遇的端倪显现出来。人们常说"否极泰来"，生活就是这样起起伏伏，让你欢喜让你忧。它就像一个不懂事的孩子，常常闹出麻烦让你气得跳脚，但如果细细寻找，你会发现其中有足够多的美好与爱，值得你感激享受。

学会留白，人生愈加丰盈

我们都看过国画，中国国画与西方油画不同，西方油画每一寸画布都被浓重的油彩涂满，以色彩吸引人的眼睛；国画却常常是一张白纸上，山水花鸟点墨其中，其余都是留白。这种留白，给予人们极大的想象空间。以国画大师齐白石最擅长的虾为例，齐白石画虾活灵活现，旁边不必画出水波气泡，人们自然能根据虾的形态，想象一番碧波荡漾的精致，或清水小石潭的悠闲。留下的空间越多，画的延伸性就越足。

生活中，我们做事也要注意这种"留白"。为什么那些有智慧的人总是让人感到做起事来"游刃有余"？就是因为他们不把事情做满，说话也会留上三分，做到，皆大欢喜；做不到，也不会让人太过失望埋怨。就如想要做一个计划，留下的机动时间越充裕，事情就会进展得越顺利，如果满满当当地排满每一分钟，一旦有变数，就会耽误一大串后继行动，导致最后失败。

一天，一位农民接到了哥哥的书信，说某月某日自己会去弟弟家里做客。农民看了大喜，在哥哥到来的前一天，他一大早醒来，给儿子一张物品清单，让儿子去山外面的集市准备买新鲜食材，儿子知道伯伯要来，也很开心，赶着驴子出了家门，说一个时辰肯定回来。

一个时辰之后，儿子没回来；两个时辰后，儿子还是没回来。农民左等右等不禁开始担心：难道儿子出了什么意外？他和妻子不放心地找了出去，在附近的一座独木桥上，看见了自己的儿子，只见儿子牵着驴，驴背上驮满货物。他对面站着一个小孩，也牵着驴，两个人大眼瞪小眼，谁也不肯让谁一步，就这么僵持着，不知待了多久。

"糊涂虫！"农民骂道："你让他一步，不过耽误一分钟，就因为你不肯退让，已经耽误了一个时辰，你还准备耗多久？"话刚说完，两个小孩同时退了一步，都觉得很惭愧。

妥协是人际关系中最好的润滑剂。当两个人为一个问题吵得面红耳赤，如果有一方愿意说："我觉得你说的有一定道理，只是和我的想法不同。"剑拔弩张的气氛立时就能缓和。多数时候，人与人之间其实只是观点不同，没有谁对谁错，但有些人偏偏喜欢步步紧逼，在他们看来，退步就是认输，自己并没有错，为什么要退？与其说他们过分在乎自己的观点，不如说他们过分在乎自己的面子。

还有一种人在做事时有点小心眼，总给自己留一手，而且为这种做法沾沾自喜。其实你给别人留一手，别人自然也要跟你留一手，甚至留几手，双方如果不能坦诚，就会顾虑重重，合作空间就越来越小。有的人也想坦诚，但坦诚带来的不仅不是更多的了解，还可能是争执。这时候，不妨再大度一点，学会如何对他人妥协。

人与人之间为何争执不休？在于他们要争取各自的利益。没有几个人能够做到百分百得利，只能在有限的空间中保持自己的生存与发展，这就需要向对手让上几步，让大家都能得些利益，事情才能继续做。事实上，让利的结果并不是亏损，有的时候会带来更多的合作机会，让自己发展得更快，对手亦然，这就是双赢。

天海之间，为什么给人以辽阔无尽之感，就是因为那中间空间太大，这就是大自然的襟怀。人和人的相处也是如此，你心胸大，不计较旁人的不足之处，不去没事和别人生气，在利益问题上，肯退个一步半步，别人自然也会投桃报李，你们之间的空间也会不断增大。想要海阔天空，空想没有用，先要敞开自己的心去接纳，不然在狭小的空间里很难有大发展。

不浮不躁之心，不卑不亢之态

现代社会，人心越来越浮躁，很多人以金钱为考量一切的标准，在职场中总是迫不及待地跳槽，迫不及待地改换门庭，为的是得到更好的机会。很少沉下心认真做一件事，争取做到尽善尽美。在他们看来，现在的一切都是跳板，保留实力才是最重要的。在这个思想的指导下，所有的追求都有了功利性，为了一个性价比更高的活计，人们很容易放弃手头的东西。

浮躁的追求，只能得到浮躁的结果。就像一个美人想要自己更美丽，却不修养自己的心，而是拼命用服装、首饰装点自己的外在。有一天，时光拿掉了她所有的装饰，懂得内外兼修的人，仍是一棵吸引他人的树木，而那些浮躁者，只留一个光秃秃的躯干，无人愿意多看。

爱因斯坦要去美国的时候，他的朋友都劝他注意一下自己的形象，爱因斯坦说："这有什么可注意的？反正纽约根本没有谁认识我。"

后来，爱因斯坦出了名，依然不注意自己的外表和装束，朋友又来劝他："现在你是名人了，总要注意自己的形象了吧？"爱因斯坦说："这有什么可注意的？反正全纽约的人都习惯我这样了。"朋友叹了口气，自叹弗如。

注意外表并不是错误，特别是在交际场合，整洁的仪表是对他人的尊重。但是，人的追求各有不同，有些人偏偏不重视外在的东西，不愿意任何事耽误他对事业的追求，这种心态更为难得。像爱因斯坦这样的人，身上没有一丁点的浮躁气息，没有人知道也好，所有人仰慕也好，他们的态度都和以前一样，那种专注不随任何事改变，这就是真正的智慧。

克制浮躁的心态并不简单，特别是身边的人都在浮躁，你不浮躁，只会显得格格不入。但人生需要一个底座，就像挖得越深越大，池塘聚的水就会越多。底座在人的视线以下，从来不显眼，开挖的过程又很艰苦，于是，很多人放弃了开挖的机会，谁愿意走出别人的视线？那意味着被人遗忘。这也注定了他们只能成为舞台上报幕的配角，虽然看着光鲜，主角一出场，他们就再也没有存在感。

真正的境界就是平常心，对待任何事都能视若等闲，并非不认真，而是一视同仁，完全摒弃功利与虚荣，注重最本质最本真的需要。一份工作就是一份工作，没有高低贵贱；一份能力就是一份能力，没有你高我低；一个人就是独一无二的个体，没有谁好谁坏。这样的人，做什么事都能不骄不躁，在宁静的心态中获取成就与他人的赞叹。

生命不息，前进不止

在普通人的意识里，劳作是为了更好的休息。我们之所以付出那么多的辛苦，就是为了得到一个供我们安静休息的空间。有些人努力一辈子，只是为了到老能够颐养天年。但对智者来说，他们的认识正好相反，他们认为休息，是为了更好的前进。在他们广阔的视野中，未知的领域太多，吸引他们好奇的东西也太多，他们想要了解得更透彻，就不得不继续前行，年龄大了不要紧，不过走得慢一点，只要脚步不停，每一天都是进步。

有梦想的人是可爱的，他们永远对前程充满期待，在他们看来，人的生命就是一个不断扩展的过程，眼光看到哪里，就一定要到达哪里，生命不息，前进不止。每个人的"前进"内容都不同，有些人是事业上的不断迈进，有些人是学识上的不断丰富，有些人是阅历的不断增长，总之，最幸福的人生就是在你最在意的方向上一直迈进，没有片刻停止，那就是你所能达到的圆满。

人们对宇宙的认识，至今还在不断改变。远古的时候，人们认为地球是宇宙的中心，所有星星都围绕地球旋转。后来，天文望远镜被发明，人们看到了更遥远的星星，宇宙成为有九大行星的太阳系。

随着现代天文学的发展，人们看到了银河系，看到了河外星系，谁也不敢说宇宙里没有其他高等动物。现在，人们已经能够登上月球，探测火星，在不久的将来，宇宙之谜将被更广泛地研究，人们的认识也会更进一步。

风物长宜放眼量。人的认识是一个不断进步的过程，不只是天文学，每一门科学都不断推陈出新，老观念不断被时代淘汰，新观念迅速被接受，如果故步自封，只会被时代抛弃。人的成长成熟也是如此，唯有接触更高深的学问，更广阔的社会，才能保证自己的认识不停留在肤浅的一角，经历越多，接受的越多，得到的就越多。

一路走来，生命中的风景不断变换，我们对自然的体会，对人情的体察，对自我的发掘越来越深入，我们能够感觉到自己心一天比一天大，越来越愿意接受新鲜事物，甚至感叹生命有限，不能将这个世界看到最后，甚至有些不甘，只能在还有力气的时候，多看一些，多想一些，也算没有白白来世上走一回。

还有一些人，走到一定程度，就再也不愿意前进。也许是长久的行走让他们疲惫，也许是灵魂的惰性让他们想要享受一些安逸，这只是一种个人选择，无可厚非。但这休息如果太久，就会让人怅然若失，觉得生命少了很大一部分。就像那些退休后的老人，他们做得最多的并不是享清福，而是怀念有工作的日子，那是他们的价值所在。

对于生命而言，真正的休憩是死亡，到了那个时候，你再也不会有站起来的机会，那时，你会不会后悔活着的时候没有努力把握时间，去做自己想做的事？我们一定要清楚，总有一天我们会迎来漫长的休息期，在那之前，走到自己能够到达的最远处，将能够接触的世界，全部放进自己的心胸，让这些最宝贵的回忆陪伴自己，直到最后。

风雨，不是霉运，而是锤炼

　　人生难免经风历雨，面对得失成败。理想与现实之间相隔多远，人就要走多远，甚至更远。而前进道路上的曲折坎坷，与其说是磨难，不如说是锤炼。

　　成功需要智慧，无数次的挫折，无数次的尝试，从失败的瓦砾中得到的便是经验。学着坚定、谨慎、从容，才能离预定的目标越来越近。

成长，总在磨砺间

　　晚来天阴，乌云齐聚，山脚寺院里传来诵佛的声音，一个小和尚却不住溜号，敲木鱼的时候明显节奏不对，时快时慢，似有什么心事。

　　住持不悦，问小和尚为何心神不宁。小和尚吞吞吐吐，终于说了原委。原来多日前小和尚上山时，发现一只失去母亲的雏鹰，他看小鹰无依无靠，就给它在山崖上找了一个窝，让它居住，每日照顾。现在，眼看着大雨将至，小和尚担心小鹰的安危。

　　"不必担心。"住持说："雄鹰都能搏击风雨，你护得了一时，护不了一生。"

　　一夜暴风骤雨，第二天，小和尚匆忙赶去山崖，没走几步，就看到一只翅膀长好的雏鹰在湛蓝的天空上飞翔，小和尚终于相信了住持的话。

雏鹰的翅膀如何能变得坚硬？要靠它一次次冲向天空，甚至搏击风雨。正如故事中住持所说，成长是一个人的事，没有人能照顾你一生一世。而风雨，就是锤炼的过程，你经历过，战胜过，就成了强者，就有了更多对抗困难的资本。故事中的小鹰在风雨后飞上天空，现实生活中，人们正是一次次克服逆境，使自己变得优秀。

人们经常为自己的处境产生焦虑情绪。世事难以如意，所有的路程都不能一帆风顺，总会出现或大或小的波折，灰心丧气在所难免。特别是自己不论如何努力都做不好，别人却轻轻松松步步高升时，那种焦虑更加明显，足以让人睡不着觉。现代人为什么那么容易失眠？因为他们认为自己机会不多，必须抓紧每一个，所以才会事事担心，希望事事顺利。可是，焦急的结果常常是事与愿违，让他们更加一蹶不振。

美国有部大热的电视剧叫《越狱》，男主角一次次靠智慧越狱，从另一方面证明了人不能屈从于处境，当处境给了你不公，给了你屈辱，一定要想尽办法突破。不论是增强智慧还是增强能力，要用尽一切努力，才不会被处境压垮。有焦虑的时间，不如去动脑筋，去请外援，一次次自叹身世有什么好处？做出一番成就才是最好的选择。

经过十几轮的笔试面试，小美终于得到了梦寐以求的工作：一家电视台的节目主持人。她很珍惜这份工作，希望做出成就。

可是，刚工作一天，小美就发现这个工作很麻烦，电视台主持人很多，多数都兼任记者，王牌节目只有那么一两个，人人都盯着。小美年轻貌美，刚一进来就让很多人不满。在最初的一个月，小美处处被人打压，做什么事都不顺。因为别人的小报告，小美的上司也对她充满意见，总是批评她，小美本来是个爱笑的人，在这个环境下，每天都笑不出来。

在这种喘不过气的环境中，又开始有了关于小美的流言，说以小美的能力，根本进不了电视台，她能得到这个职位，是因为台里的一位领导。小美被这个流言彻底激怒，她突然明白自己解释也没用，只有真正地做出成绩，才能堵住别人的嘴。从此，小美再也不理会别人说什么，也不费尽心思和人维持关系，而是专心致志地做自己的工作。她的节目收视率越来越高，关于她的争议也越来越少。一年后，小美在电视台站稳了脚跟。

小美的处境可谓处处不如意，看得出来，她为维持一个好的人际关系殚精竭虑，但是，她的忍耐只会让别人觉得她软弱可欺，更加肆无忌惮地针对她。后来，小美放弃委曲求全，她把成绩当作对流言的回击。小美这样的人是人生的强者，他们能够牢牢地把握命运，不论遇到什么样的困境，都能重新焕发生机。

风雨中，如何保持一颗慧心，让每一次磨难将原本混沌的心境打磨得更圆润、更明晰？这需要你坚定自己的目标，要明白所有风雨不过是锤炼，你不能跟着它东倒西歪，越是猛烈，越要抱定目标，不屈不挠。要知道，在乎流言的人，只能被流言拖着走；在乎成功的人，只会向目标奋起直追，还是那句话，你在乎什么，就决定你能得到什么。

要随时随地为自己增加获胜的砝码。不论是学识上的丰富，还是人际上的圆融，你吸收的东西越多，就能让自己越有分量。这些东西永远不嫌多，只会嫌不够。不要放弃任何一个学习锻炼的机会，即使那会减少你的娱乐时间，打乱你的计划——随时调整自己的能力，才能把握住每一个来之不易的时机。

还有，被动地接受锤炼，不如主动锤炼自己。一开始就处在顺境中的人，其实比逆境中的人更危险。他们习惯了风平浪静，走得越远，就越不知道如何应对风暴。而那些从逆境中跋涉而来的人，身经百战，早已习惯了周详布局，临危不乱。在年轻的时候，不要追求所谓的顺利，主动去风浪中心接受最强的锻炼，只要通过考验，你会获得一生中最宝贵的财富：经验、勇气、智慧，还有生生不息、不向任何环境低头的力量。

坚持就可以伟大

人生最让人无奈焦急的事，也许是自己确定了一个目标，却发现所有人都走在自己前面，紧赶慢赶也追不上去。事实上，一个人有一个人的活法，觉得自己不聪明，就笨鸟先飞，一样能达到旁人的效果。

人生像是一场赛跑，但又不是赛跑，因为每个人跑道的长度都不同。在一时之间，也许能够看出高低快慢，但从长远角度，一开始走得慢的，也许是唯一一个走到最后的，或者他坚持的最久，开辟的道路最长。所以，完全不用担心你做的事没有结果，胜负只是一时，每个人都会有自己的位置，这个位置，在于你能坚持到哪个地步。

精诚所至金石为开，凡事贵在坚持。有些事你刚一决定，就有人说完全没有可能，又列举一些你的不足，劝你打消念头。即使你顶住压力迈出第一步，接下来也会发现麻烦困难接踵而来，片刻不让你安生，你应付完一个，下一个已经在等你，当你渐渐不支，旁人摇头叹气的时候，唯有坚持能拯救你。只有不屈不挠地把握最初的方向，不向任何压力低头，你才有突破的可能，这种突破，既能挖掘你身上潜在的能力，又能让你达到梦寐的目标，每个人都在期盼这种突破，但它不是天上降下来的，是你自己熬出来的。

两个青年在森林里探险，结果迷失了道路，但他们的运气不错，遇到了一个钓鱼回来的老人，老人问："你们想要什么？我可以帮助你们。"第一个青年向老人要了一筐鲜鱼，第二个青年却认为鲜鱼早晚会吃完，老人手中的钓竿才能保证自己的食物源源不断，于是他向老人要了钓竿。老人很慷慨地满足了两个人的愿望。

第一个青年有了鲜鱼，兴奋地大吃一顿，攒足了力气走出森林，还把森林里捡到的奇特种子卖了一大笔钱，过上了富裕的生活。第二个青年一定要找到钓鱼的河流，他忍饥挨饿，一路跋涉，当他终于到了河边，身体再也支撑不住，他就这样握着钓竿死在河岸上。

坚持需要智慧和判断力。就像故事里的第二个青年，他相信"授人以鱼不如授人以渔"，要那个能够滋生财富的钓竿，这是利用古老智慧吗？这是照搬照抄的低劣模仿。连性命都有危险的时候，保存实力才是最佳方法，那一篮子鱼，不是让第一个青年逢凶化吉，还过上了幸福的生活吗？坚持没有什么不对，但先后顺序出了问题，就会遇到大麻烦。

坚持不是犯傻，巧干也很重要。一味拼苦功，总有人比你体力好，比你时间多，比你能力强。苦干加巧干，才是成功的关键。哪一种极致的成功少得了智慧的参与？智慧在于创造，在于敏锐发现时机，在于触类旁通，不论做什么事，眼界开一些，想的远一些，无碍你的一心一意，只会使你更用心，更有目的性，把劲道用在最对的地方。

另外，坚持不是死心眼，不是不见棺材不掉泪。一旦发现坚持的方向错了，扭头回原点并不丢脸，只会得到"识时务者为俊杰"的赞扬。把信念放在至高的位置，这种强大的精神力量能够激励你一次次克服艰难险阻，攀上一座座高峰。没有坚持，什么事都干不成，有智慧有方向的坚持，让你在埋头苦干的同时，所向披靡，成为真正的胜利者。

无路可走时另辟蹊径

每个人都想拥有一种灵活变通的智慧，能够化绝地为坦途，化困境为机遇，这样才能在遇到困难的时候，及时寻找方法，调整目标，以期达到最初的目的，最佳的效果。做事情的时候，坚持固然重要，更难得的是灵活。

所谓，山重水复疑无路，柳暗花明又一村。在生活中，我们难免遇到各种各样的难关，不是每一次都需要发扬"狭路相逢勇者胜"的精神，拼死拼活地过去。也有人绕一条路，换一个做法，就能省几倍的时间精力达到目的。前者是勇士，后者是智士，后者总是比前者更占上风，自古以来，知识就是力量。

人们总想寻找一条通往目标的大道，这条路没有那么多崎岖坎坷，不需要劈开荆棘，也不需要防备山林里的猛兽。可这样的道路，不是太拥挤，人人都在走，就是尚未出现，只存在于想象之中。但也不必失望，你可以独辟蹊径，开辟一条道路，起初，它也许狭窄凌乱，越往前走，越发现它的开阔，不知不觉，你已经比别人先一步到达目的地。这样的路其实无处不在，就看你有没有那颗慧心去发现它。

有个记者问一个富翁："别人都说，你成为富翁是因为头脑很灵活，那么，什么叫作灵活？"富翁说："灵活就是做和别人不一样的事。"

"那么，能说说你是怎么做事的吗？"

"比如，当我想投资什么的时候，我会把朋友都叫来，问问他们都在投资什么。如果有一半以上的人都在做同样的项目，那么我绝对不会做；但如果没几个人在做某项目，我就会考虑去投资。"

"那么，在生活中呢？"记者问。

"在生活中也一样啊，比如大家都在考研，都想做公务员，你就千万不要挤这条道，竞争激烈，机会少，做了可能也浪费力气，不如找个冷门。"富翁回答。

人们喜欢向成功的人学习，因为他们的话总能让人豁然开朗，受益匪浅。例如故事中的这位富翁，他是个灵活的人，体现在他从来做的都是别人不做的事，走别人不走的路。三百六十行行行出状元，避开最激烈的竞争，走少有人走的路，自然能够独占鳌头。多少有能力的人因为一头扎进热门专业和工作中，被更有能力的人压制，甚至显不出一丝光芒。

灵活不但需要智慧，也需要细致和坚持。不要以为有一个好的念头，与众不同，剑走偏锋，就能把事情做好。举个最简单的例子，那些点蜡烛的人，哪个没想过有一种"不灭的蜡烛"，这个念头是好的，但谁能像爱迪生一样，细心地实验，真的发明电灯？要记得灵活是辅助，坚持始终是最关键的部分，主次分明，才能互为表里，共同向一个方向努力。

想要头脑变得灵活，其实没有那么困难。俗话说"熟能生巧"，什么事做得多，钻研得多，自然就会有想法产生，若能在这个基础上把眼光放远一点，放宽一点，就更容易触类旁通，做到领先于人。不必感叹自己愚笨，似乎永远与聪明无缘，多少被夸为神童的天才，在众人的捧杀下成了庸才；多少质木无文的普通人，因为长期的坚持终于超越自我，变得回转自如，独占鳌头。锤炼的意义是什么？是为了告诉你生命是一个不断有惊喜的过程，只要你愿意，只要你努力，一切皆有可能。

有些路不能省略

古时候，有个青年想成为一流的侠客，他拜当世第一的剑客为师。青年很刻苦，但年轻人难免急躁，他总是问那位剑客："师傅，我的剑术如何？有没有进步？"剑客是位温和的长者，每次都鼓励他："有进步，但是还要努力。"

青年人心急，有一天抓着剑客的手说："师傅，你告诉我，要成为你这样的高手，需要多少年？"剑客说："十年！"

青年说："十年太久了，如果我每天加倍苦练，需要多久？"

"八年。"

青年更急："师傅，如果我把吃饭睡觉的时间也拿来练剑，是不是五年就行了？"

"不，"剑客说，"那样的话你成不了高手，因为没几天你就累死了。"

青年志向远大，勤奋刻苦，唯一的毛病就是太过急进，这种急功近利，也是现代人的通病。做什么事想的不是踏踏实实，一步一个脚印，而是尽可能节省时间，直达目的地。这种想法其实没错，谁不希望一步到位？可是，有些人企图直接绕过难关，或者借助别人的力量一步登天。即使最后他们取得了想要的成绩，彰显的也并不是他们的实力，而是他们的幸运。可是，你见过哪个人一直走大运？有实力的人尚且惧怕登高跌重，没有实力的人更容易头重脚轻，一脚踏空。

急功近利的人最缺少的，就是脚踏实地的态度。或者说，他们只重视结果，那个过程，能省则省，不能省也要找最短的一条路，费最少的力气。可是，成功的结果恰恰来自于这个"过程"，没有过程的积累，成功就是空中楼阁，只能在梦中想想；近利的人更可怕，为了利益，他们可以不择手段，把道德等因素排除在头脑之外，只要能得到想要的结果，他们什么都肯做，自然更不会在乎损人利己，别人如何，与他们何干。

急功近利让人们忽略了生命最重要的过程：积累。不论做什么事，一步一步积累的人，总比那些贪图轻快的人成就更大。就像武侠小说中，真正的武林高手不论内力还是招式，都要数年修为才能达到炉火纯青，飞花摘叶亦能伤人。而那些只注重招式奇巧的人，虽然也能略有小成，闯出名号，但在真正的高手面前，他们所用的全是雕虫小技。

急功近利不是没有好处，只要方向明确方法得当，它能让你在最快的时间达到目标，但它会衍生出诸多"后遗症"，例如，生命急速向名利奔去，错过了与其他事物的交集，从此，你心中只有名利，你的生活只能被名利捆绑。

很多人认为，那些懂得投机的人很聪明，他们更容易成为人生的赢家。如果人生的意义仅仅是功名利禄，这种说法也有一些道理。但是，人生应该有饱满的血肉，而不是空有一副摇晃着的骨架。物质只是人生的一部分，人需要获得智慧，获得生活的乐趣，获得豁达的心境，这些是更高深的学问，充分领会，才当得起"赢家"二字。而急功近利，会导致物质世界与精神世界极度失衡，是心性的大敌。

想要克服急功近利，修身养性是最根本的办法。你的心灵追求更高远的东西，自然明白名利的价值。即使追求，也会以更加踏实的方式，一步一步接近目标，把自己的生活填充得更加丰富。命运在给予你锤炼的同时，也给予你考验，人们常常太过注重目的，忽略了精神层面的需要。不要让你的灵魂跟不上你的脚步，要时常停下来歇歇脚，让大脑得到休息，想一想现实之外的问题。不要以为这么做会浪费时间，心灵的开通，会让你在生活的各个方面变得聪明，不必急功近利，你自然会懂得如何提高效率，更快接近梦想。

目标明确，方能事半功倍

不论目标是流经万里进入江海，还是绳锯木断水滴石穿，只要有心，就有可能做到，只要一心一意，这目标会完成得更快更好。目标，是成功的定位器。

对于一个没有目标的人来说，他的所作所为都是无用功。每一天，他的头脑被各种念头占据，一会儿想去炒股，一会儿想去旅游，一会儿想谈恋爱，他还没想明白究竟做什么，一天已经过去了，于是他躺在床上对自己说："明天再想。"放心，第二天他脑子里又会有新的念头，照样想不明白。没有目标的人，习惯了头脑中的庞杂，觉得什么都有意义，都值得做，于是不知道该做什么，犹豫不决。其实，他们缺少的是决断力。

有人没有目标，但很少有人没有选择。没有目标的人，不过是因为没有确定某一个选择。这有何难？仔细比较一下各个选项，看自己最喜欢哪一个，最适合哪一个，哪一个的收益最大。然后在这些选项中选择最适合现状的那个。例如，经济、时间都允许，就选自己喜欢的；不允许，就选收益大的或者最适合的，还可以参考师长或长辈的意见。想要确定自己的道路，固然要漫长的摸索，也可以从现在开始尝试，不合适，大不了换一个，好过空想。

一个学生正在教室里读书，他的导师刚好路过，就进入教室与学生聊了起来，说到毕业将至，不知学生有什么打算，有没有找到合适的工作。

"我暂时不想找工作，毕业后先进国企锻炼两年，然后下海经商。"学生说。

"难道你家里已经给你安排了国企工作？"导师惊讶地问。

"没有啊，到时候自己投简历就行。"学生说。

"那，你想下海经商，手头有积蓄吗？"导师又问。

"没有，工作那两年可以攒，听说国企效益不错，还有额外收入。"学生说。然后又问导师："不知道去国企工作需要看一些什么样的书，您能推荐几本吗？"

"我推荐你马上去找一本如何写简历、如何找工作的书，这样才能保证你在毕业之前，至少找到一个能养活自己的工作！"导师毫不客气地打破了学生的白日梦。

还没毕业的大学生谈起未来，总有很多美好的心愿，绝大多数心愿在过来人的眼中，都是有生气而缺乏基础的空想。就像故事里的大学生，想当然地认为坐在教室里看几本书，就能有一个锦绣未来。一个人有目标虽然好，但目标太空太大，终究是"心比天高，命比纸薄"，成不了气候。

说一个人在人生选择上有头脑，是因为他们懂得选定一个适合自己的目标，而不是一味好高骛远，追求不切实际的东西。说切合实际，不是让人放弃远大理想。理想要坚持，只是在这个大方向上，可以先定几个小目标，让自己不那么累，更容易被激励。人在一个阶段有一个阶段对应的能力，在这个能力的基础上提高一些，就可以当作现阶段的目标。

我们应该选择什么样的目标？不要急着回答，把你想做的事列出一个表单，在无人打扰、心情平静的时候一项一项分析，心灵会告诉你，做什么最让它满意。我们经受锤炼，不是为了别人的满意，不是为了某一种显赫前程，而是为了让我们的心灵在多年后，能够带着充实的感觉，洋溢着幸福，对以往的经历无从后悔——达到这个标准，就是你今生必须把握的目标。

沧桑，不是苦难，而是经历

一路走来，没有人一帆风顺，所有人饱经沧桑。在各自的痛苦与挣扎中，明白了这样一个道理：只有想不通的人，没有走不通的路。

苦难带来的是生活的智慧。生命中的痛楚是必经的过程，如果看不透、放不下，人生就成了无止境的煎熬；相反，看开了，明白了，人生才如雨后初霁，天高海阔。

沧桑经历，沉淀了温厚之心

人们常说人世沧桑，那么什么是沧桑？这里有一个神话典故，据说曾有一位神仙对另一位神仙说："自我上次见你，沧海已经三次变成桑田。"沧桑，就是沧海桑田，就是人世无法逆转的变化，它不会随任何人的心愿，甚至让人备感无力。谁都曾体会过人生的无可奈何，顶峰的风光过后，就是谷底的沉寂，最后，风光也好，沉寂也好，都变为回忆中的一缕轻烟消失无形，这时候再回头细细回忆往事，心头涌上的感觉就是沧桑。

沧桑让人变得宽容，因为世事变迁，曾经恨的人，去世时向自己忏悔；曾经爱的人，已经与别人白头偕老；曾经在乎的东西，到手后发现不过如此；曾经未完成的心愿，仔细想想就算达到，也未必会满足。时间会改变很多东西，也让人变得宽容，既然自己已经为难过了，为什么还要为难别人？当你遭受苦难的时候，你以为别人都在享福？的确，有的人正在享受幸福，但在那之前，他也许比你更苦。所以，不必嫉妒，也不必羡慕。

一个贫穷的农夫与妻子每天辛苦劳作，却经常吃不饱饭，因为他们有五个孩子，只有一个大儿子能干农活。农夫家隔壁住着一个严肃死板的老人，儿子在城里经商，每个月都给父亲送很多木柴、稻米、肉类，都放在仓库里，那仓库紧挨着农夫家的房子。

有一天，农夫的孩子饿得直哭，农夫急得团团转，突然发现老人的库房能开出一个洞：这库房是用木头盖的，有几块木板能够抽出来，刚好能爬进半个身子。情急之下，农夫偷偷去老人库房里拿了半碗米，解了燃眉之急。日子依旧艰难，在活不下去的时候，农夫只能厚着脸皮，在老人的仓库当小偷。尽管他每次拿的东西都不多，但他心中还是觉得羞耻不已——因为老人的东西也不多。他甚至不敢和老人打照面。

几年后，农夫的孩子们都能下地干活，家里的生活一天比一天好，农夫把一年最好的粮食和从城里买来的肉送到老人家里，诚心诚意地请他原谅。老人说："没关系，你每次来拿我都知道，所以你不算偷了东西。"农夫大为惊讶，老人和蔼地解释："你的家里那么困难，做这种事并不是出于本意。"老人的宽容，让农夫大为感动。

老人并不是富翁，农夫就算有再艰难的理由，偷窃仍然是偷窃，可是，老人轻易就原谅了他，并不责怪。农夫的每一次偷窃老人都知道，他不点破，是因为他同情这个农夫。也许老人年轻的时候，也有忍饥挨饿的经历；也许老人本性仁慈，不忍心看到农夫一家遭遇不幸。就因为这种宽容和温厚，农夫一家得以度过最困难的时期，终于过上好日子。如果没有老人，他们也许早就潦倒困苦，因饥饿而死。

对于农夫而言，他以后会渐渐过上富裕的生活，他会不会像老人一样，帮助那些困苦的人，还是个未知数。因为也有一些过苦日子的人，因为再也不想受苦，而变得吝啬异常。不过，多数人都会因这样的经历感恩知足，并把这种爱心发扬下去。也许农夫变老后，也会像老人一样，帮助下一个贫穷的邻居。

每个人的成长都可以用"沧桑"形容，有些人因沧桑变得慷慨，有些人因沧桑变得自私，人与人的区别就在这里产生。在过往的经历中，难免会有苦痛，人们的对待方式也不一样。有的人对痛苦避若蛇蝎，有些人却把它看作一场磨炼，认为心灵应该在磨炼中渐渐坚强。

人的智慧就在沧桑之后产生。经历过的人与事历历在目，足以让你辨别是非善恶，懂得生命的过程，通晓事物的道理。沧桑的经历，也许是人生最大的课堂，你需要的一切，都能在其中找到，都能在其间领悟。而所谓智慧，就是在逆境中为自己撑一把伞，挡住那些风风雨雨，在蓦然回首的时候，给自己的心灵留一片晴空。

放下痛苦，便是最好的疗愈

有一个伤兵回到出生的村庄，他在战场上被敌人的子弹射伤，子弹已经取出，可是，他受到了很大打击，遇到一个人，就会撩开衣服给对方看自己的伤口。乡亲们争着告诉他保养伤口的方法，劝他尽快疗伤，忘记战场上的不快，可是，伤兵仍然继续给别人看自己的伤口。

有一天，伤兵的伤口感染，死在一个清晨。村民们怀着遗憾的心情埋葬他。山上的禅师听到这件事，对弟子们说："这个人会死，不是因为伤口，而是因为他不断伤害自己。"

总是重复一个动作，就会因习惯而产生麻木，但痛苦却不是如此，重复痛苦并不能缓解痛苦，只会让它一次一次深化。痛苦就像伤疤，重复一次就是重新感染一次。智者说出的话，总是一针见血，富有见地。饱经沧桑的人有两种，一种是云淡风轻，对过往的一切早已看透看破，不会刻意提起，就算提起，也不会再次沉溺下去，徒惹痛苦。这样的人爱护自己，知道灵魂既然已经受尽风吹雨淋，就应为自己撑起一方安逸的天空，让那些伤痛浮云一样流走，只留得心中的安宁。

另一种人就像故事中的伤兵，他们唯恐别人不知道自己的伤口有多深，一定要让别人看到，被人同情、安慰。但是，那些安慰的话语从别人嘴里说出来很轻松，从自己的耳朵进入心里却很难。一次次地重复伤痛，只能让伤口不断感染，让疼痛日渐加深。他们的天空一直笼罩着凄风苦雨，不是别人不肯同情，是他们不给自己喘息的机会。

生活中谁都会遇见痛苦，把痛苦说一次，就是重复一次，直到这痛苦成为枷锁，把心灵牢牢锁住；或者像滚雪球一样越来越大，把精神完全压垮。可是，重复痛苦究竟有什么益处？如果仅仅为了发泄，那么日复一日的发泄为什么不能使心中的抑郁有片刻的减少？不是因为痛苦不肯放过他们，而是因为他们自己不想放开。

为什么有些人，把痛苦看得比生命更重要？因为之所以痛苦，是因为痛苦中蕴含着一段宝贵的回忆，这也许是人生中最重要的经历。这样的经历，错过了，失败了，或者失去了，会觉得自己格外悲惨，因为那些错过的东西不会重来，自己似乎丧失了一切幸福的机会，再也看不到希望。抓住痛苦，就是抓住这段经历的尾巴，证明自己曾经拥有过。

每一颗心都会经历痛苦，把痛苦变作回忆，偶尔提起；变作动力，化悲愤为力量；变作经验，防止下一次失意，这些都是明智的做法。最怕的就是将它变成心中的毒瘤，阻碍其他正面情绪的成长，让心灵始终沉浸在阴影中，不见天日。每一份郁结的情绪都有解脱的可能，关键在于你愿不愿意。

聪明的人应该尽快告别痛苦，不论是找身边的人尽情倾诉，还是以忙碌暂时麻木自己，或者干脆另起炉灶，开辟一个新局面。告别痛苦的方法并不少，最简单的一种是去做你认为快乐的事，例如马上去打你最爱玩的网游，马上去淘精品店的衣服，马上订一张机票，去你一直想去的地方走走。生命说长也不长，大好时光不能用来痛苦，还是尽量找一些让自己心情愉悦的事，这才是聪明的活法。

每一次伤痛，都让你成熟

没有人一辈子注定大灾大难不断，你不会白白受苦，总会得到某一种形式的补偿。失恋的人是痛苦的，但他得到过爱情，也会拥有最美好时刻的回忆；失败的人是痛苦的，但他拥有经验，就有了反败为胜的法宝；失望的人是不幸的，但他们至少经历过，而且也因为失望，更懂得希望与追求的可贵。

领悟痛苦需要的不只是心胸，还有智慧。你如何在心痛中分辨出那些对你有益处的东西？也许我们需要从结果重新看问题。所有人都有这样的经历，一件事当你沉浸在其中的时候，你的所有思维都被拉扯着，你十分感性也十分脆弱，只由着情绪做事。等到事情过去一段时间，你以旁观者的角度重新审视，就会发现很多从未发现的问题。所以，定时定期检讨一下自己的作为，整理自己的心情，也能让你从烦恼中得到不少启示。

一个国王生了一场大病，谁也不知道病因是什么，只知道他整日躲在自己的宫殿里，连朝臣都不愿意见一见。王后担心国王，就派人去找万里之外最有名的高僧，希望他能够帮助国王。高僧风尘仆仆地赶到宫殿，立刻就被迎入国王的房间。

国王也听说过这位高僧的名声，不敢怠慢，但也不愿多提自己的病。高僧说："我听说三个月以前，您在打猎的时候胳膊被划伤，现在您的身体如何？"

"我的胳膊已经好了。"国王说，"可是大上个月，敌国向王宫派了一个刺客，又让我受了一回惊吓。您是最有修为的高僧，能不能告诉我，世界上什么地方最安全？我觉得不论在外面，还是在自己的宫殿，没有一天有安全的感觉，这让我很害怕。"

"安全的地方只有一个。"高僧说，"但我相信您不愿意去。"

"在哪里？"国王问。

"坟墓里。人只要死了，就不会再有人来危害你，你也不会再感到痛苦。我们用生命中的时间和精力换来保护自己的能力，取得安全和安逸，但也只能取得一部分，唯有用整个生命，才能换来最多的安全。"国王听后若有所思，几天后，他不治而愈。

有些人喜欢逃避痛苦，既然生命只有一次，追求那些快乐的东西就行了，看到痛苦，远远避开，不就不痛苦了？这种想法未免天真。以国王的财力和实力，也找不到一个完全没有痛苦的地方，何况普通人？坟墓倒是个没有痛苦的去处，但是，死之前想到那么多的快乐你都没尝试过，会不会觉得更难过？所以，逃避不是办法。

好在在痛苦中，我们能够理解一些生命中最本质的东西。生病的时候，我们知道了健康的重要；难过的时候，我们知道了朋友的重要；困难的时候，我们知道了亲人的重要……痛苦给我们的最大启示，就是告诉我们什么是幸福。

谁也避不开痛苦。即使你现在沉浸在幸福之中，也无法保证这幸福一定能继续下去，所以，人们不但要看穿痛苦，最好也看穿幸福，看穿生命就是一个痛苦与喜悦交织的过程，苦尽甘来，甜到头仍会变苦。生活就是这样，走过了，试过了，才发现经历比什么都重要，包括结果。只要这样想，你就会把此时的痛苦，当作命运给予的教诲，它值得你一再解读。

不要在安逸中碌碌无为

对生命，有人总是胆怯的。让他去谈恋爱，他怕失恋；让他去冒险，他怕受伤；让他去创业，他怕失败……总之，他什么都怕，就怕自己受到什么伤害，破坏了本身的安逸生活。那么，他们梦想中的安逸生活是什么呢？就是维持在一个小圈子里，有还算稳定的工作，还算安乐的家庭。其实这种想法没有错，平平淡淡才是真。但是，如果平淡的前提是害怕，平淡也变成了一种逃避，他们在这种生活中得到的不是"真"，而是百无聊赖。

为什么人们都害怕离开安逸的环境？因为在安逸中，一切都在自己的掌握里，没有什么危险，也不会有意外。数着日历，每个月的第一天和最后一天不会有任何区别。习惯是可怕的，一旦习惯了这种周而复始的生活，一切平庸就都可以被接受，激情也就无从产生。而没有激情的生命就像古井，里边即使有水，也没有人会注意，它自己也渐渐丧失了自己的功能。

一个老人辛苦劳作一辈子，儿子在大城市考上了博士，找到了高薪工作，还娶到一个十分孝顺的妻子。夫妻俩一致决定将农村的老人接到城中安享晚年。

儿子孝顺，老人很高兴，但他到了城里后，每天只能在房间里干坐着，根本不知道干什么，他很想去锄锄地，放放牛，割割草，或者养几头猪，但在城里这些都不可能。儿子和媳妇倒是从不亏待他，小区里人人都羡慕他的福气，但老人却一天比一天没精神，终于有一天，他病倒了，躺了两个月跟儿子说："我继续在这里待着，肯定活不长，让我回老家吧。"

儿子大吃一惊，媳妇更是不同意，老人说："我知道你们都孝顺，不过，我习惯了劳动，享不了清福，不让我做点什么，我就觉得全身不舒服。"在老人的一再坚持下，小夫妻只好将他送回农村。老人回去后，果然再也没生过病。

习惯了劳作的人，很难适应安逸，不是说这位老人没有"享福的命"，而是他的福不是天天坐在家里不知道干什么。青年人提到自己想要做的事，往往茫然迷惑，他们想做的事很多，但不知道最该做哪一件；

老人们不同，他们想做的事不多，都是自己最喜欢的。很多时候，安逸意味着无所事事，劳作虽然辛苦，甚至有时候带来痛苦，但给自己的心灵满足，却是别的东西替代不了的。所以，人们拒绝安逸，就是拒绝一种空虚的生活状态。

也有人会问，历经沧桑的人不都在追求安逸生活吗？别忘了，他们已经具备了安逸的资本。这种资本不只是经济上的，还是心理上的。他们经历的东西多了，甚至可以说，没有什么没去经历过，所以也就不会后悔，也不会羡慕那些正在经历的人。从一开始就选择安逸的人则不同，他们一辈子都注定要看着别人过的精彩，即使那精彩难免也伴随着失落，但却是丰富的人生。难道他们不眼红吗？他们还没这种觉悟。

宁愿去经历沧桑，也不要在安逸的环境中碌碌无为，这是有智慧者的共识。最需要警惕的，并不是突然袭来的痛苦，面对痛苦，我们都在全副武装，丝毫不敢大意。最需要注意的是胜利后的麻痹，那才会让你在刹那间失去所有。沧桑之后，人们拥有的应该是更加成熟的心态，而不是完全松懈，因为那样就辜负了生命的本意。

无法逆转的事，不再试图改变

人生的无奈之处在于，很多事情我们能够预料到结果，再努力却也无法逆转。例如，有人从小就想当空中小姐，可是她的身高偏偏不到170厘米。也许她会觉得这不公平，但什么是公平，还有些人天生超过2米，处处行动受限；有些人不足150厘米，常常为此自卑，这难道就是公平？如果真有不公平，也不单单作用在你身上，你有满意的一面，自然会有不如意的另一面。

也有人试图改变不可逆转的事，例如足球比赛比分差距悬殊，两队实力也悬殊，胜负没有悬念。这时，落后那一队的后备席上突然站起一匹黑马，下场后几个进球扭转乾坤。这种事看似是逆转，其实也是因为有黑马的能力在。而我们说的"无法逆转"，是在情况与能力都不允许的情况下，不要白费心思和力气，干脆一点，承认差距，下次再战。

日本是一个多山多地震的国家，那里的人历来饱受地震侵扰，经常遭受巨大损失。不光是地震，每年夏天都有台风过境，小的时候瓢泼大雨，大的时候树木被折断，房屋有时也不能幸免，此外还有可能造成水灾。

在这样的国家居住的人，早就习惯了应对灾难。房屋的建造和构造，都是为了尽可能减少自然灾害的影响。所有灾难地区生活的居民，仍然能够安居乐业，就是因为他们既有承受灾难的心态，也有对抗灾难的准备。

有些事情注定不能改变，例如地理位置刚好在大陆板块交界处的国家，无法避免接连不断的地震。但是，人们不应该被动地接受一件事，而是应该积极应对，把损失减少到最小。我们不能改变的，是事情的进程和结果，但我们能够改变的，是事情对自己造成的影响。如果一个人能把给自己带来巨大压力的事，转化成一件可有可无的小事，他就是智者。

当事情不能改变的时候，我们应该考虑如何改变自己的观念。例如一个人身高不够，不能实现他的篮球梦想，那么他就应该考虑去踢足球，去打乒乓球。也许有人说："我就爱篮球！"这就是典型的想不开要钻牛角尖。而事已至此，你必须给自己找一条出路，这条出路应该从一开始就去选择，而不是在你受尽挫折，发现自己"不行"之后，才不甘不愿地去"转型"。而且只要你观念转变得快，就会发现"足球"也没什么不好。

普通人总是想改变环境，智者永远思考如何改变自己。改变自己，并非让自己面目全非，原则丢掉，爱好丢掉，自我丢掉，而是在一个大方向上，修正一些小路线。当然也会有这样的时候，连大方向都出了问题。这时，更要发挥冷静的头脑和果断的决策力，及时扭转乾坤，让自己走上最对的方向，防止以后后悔又耽误了前途。

无法逆转的事物存在于很多地方，所以人们常常会说："无奈。"例如项羽到了垓下，知道大势已去，再无回天之力，这恐怕是人生最大的无奈了。即使到这个时候，也不要坐以待毙，别姬也好，自刎也罢，都是维护自己的尊严，尊重自己的个性，也依然能让后世的人在感佩之中赞扬："至今思项羽，不肯过江东。"

历经沧桑后的明澈

经历沧桑之后，最重要的是什么？看透。看透人世的纷繁，看透人与人的冗杂，看透追求背后的目的，看透每双眼睛后面有一颗怎样的心。我们常常说那些老人见识多，看别人几眼，就能把这个人的个性、缺点说得头头是道，就是因为他们世情看得多了，知道某一种眼神代表的是什么企图，某一种行为反映的是什么习惯，每一句话背后又有什么含义。沧桑给人的最大礼物，恐怕就是这种"看透的智慧"。

人生一开始都在做加法，给自己附加各种能力与头衔，就像把一个空屋子里放满各种各样的家具、花卉、摆设，以为这就是成功。看透的人却开始做减法，他们把屋子里的东西能送人就送人，能丢掉就丢掉，最后剩下那些最重要的，看上去清爽开阔。这时候他们的心灵也变得清明一片，很少有烦恼能去打扰他们。

还有，看透并不意味着虚无，看透的人从不否认自己的努力，也不认为那些事没有意义，他们仍旧会鼓励年轻人去填满自己的屋子。他们的看透，是在长久的感受和琢磨中，看到了自己不需要的部分，看到太多也只是负担，然后开始有选择性地舍弃。然而不代表那些东西不好，也不代表他曾经的感情是错的——世易时移，仅此而已。

一艘轮船从旧金山开往伦敦，海上突来的大风暴让轮船颠簸摇晃，似乎马上就有沉船的危险，惊慌的人群中，一位高龄老太太不慌不忙地提醒人们照顾好自己的孩子，不要让他们害怕。大约过了一个小时，风暴才平息，轮船终于恢复了平稳。死里逃生的人们舒了一口气，他们发现老太太自始至终神色如常，不禁佩服她临危不乱的能力。

老太太笑着说："我只是一个没上过学的普通村妇，哪里有什么能力。只是，我有两个女儿，一个前年已经去世，一个住在伦敦，我正要去找她。如果轮船失事，我不过是去了大女儿那里，又有什么不一样？"这番看透生死的言语，让在座的乘客肃然起敬。

看透的最高境界，恐怕就是看透生与死之间的距离。生是忧患，死是最后的沧桑，生死之间，相距不过几秒，这短短的时间，多少人留恋，又有多少人释然。即将沉没的船上，老太太看到的不过是家常一样的事实：我要和一个女儿团聚，也许是天堂的那个，也许是伦敦的那个，不论如何，都是值得庆贺的团聚。

看透生死的人。面对死亡的时候，想到的不是遗憾，而是圆满。他们的一生固然不是十全十美的，甚至可能有许多莫大的遗憾。但是，在死亡来临时，他们更愿意想着那些让他们觉得幸福的事，想着他们得到过什么。有智慧的人不必等到死亡来临才"大彻大悟"，他们早就知晓了自身的一切，随时能够应对命运的改变。

人的心就像是一面镜子，有智慧的人会时时擦拭镜面，让心灵完整地照出自己的优点缺点、厌恶喜好；而那些忙忙碌碌却不知自己为何忙碌的人，他们的心上落满灰尘，或者发生扭曲，看到的总不是完整的自己，或者夸大，或者缩小，换言之，他们看到的并不是真实的自己。只有历尽沧桑的人，才能吹开镜子上的浮尘，看到最真实的自己，尽管他们可能已经苍老，也可能遭遇诸多坎坷，但在想开的那一刻，他们懂得了什么是自我，什么是生活。

人生犹如长旅，心安便是吾乡

一个人觉得自己不幸福，他走出家门，想去问问别人，幸福究竟是什么。

他碰到一个乞丐，乞丐说："幸福？幸福就是一顿美味的饭菜！"

他碰到一个小孩，小孩说："幸福？幸福就是最新的玩具！"

他碰到一个失恋的青年，青年说："幸福？幸福就是拥有爱情。"

他碰到一个囚犯，囚犯说："幸福？幸福就是自由。"

他碰到一个赶路的工人，工人说："幸福？就是晚上能够休息。"

……

他遇到了很多人，问过很多次，最后得出一个结论：原来，他走出来的那个有饭菜、有爱人、有娱乐、有自由的家，那个让自己心安的地方，就是幸福的所在。

想知道什么是人生的幸福，要经过不停地寻找、询问、比较，但答案其实是非常简单的两个字：心安。每个人的心灵都希望有一个避风港，特别是在历尽沧桑之后，希望有一个宁静的地方，满足自己最简单的要求，就是莫大的幸运。这个地方，就是我们的家园。那里有你需要的一切：这一切不是指什么都有，而是那些最能满足你心灵的东西，例如，亲人、朋友、爱情等等。

每个人都有两个家，一个是现实生活中的家，里面有家人，有能让自己休息的房间，有温暖的气氛。还有一个是精神上的家，就是人们常说的寄托。人们总是希望自己能够找到某种寄托，在寒冷的时候想到，会觉得温暖；在困难时刻想到，会觉得有力量。每个人的选择都不一样，有人把宗教当作寄托，成了虔诚的信徒；有人把爱情当作寄托，为爱不顾一切；有人把理想当作寄托，从此不畏风雨……不论是哪一种寄托，都有一个共同特点：想到，就会心安。

在现代社会，人们越来越忙碌，很少关注自己的心灵，于是，心灵越来越空虚，眼神也越来越迷茫。很多成功人士得到别人的祝贺后，常常问自己这样做有没有意义？为什么会出现这种情况？因为在某种意义上，心灵上的需要与生活上的需要完全分离，人们过分追求其中一种，就会忽略另一种，这就是现代人不能心安的原因。所以，智者讲究身心平衡，讲究追求与享受的平衡，就是为了生命能成为一个稳步上升的过程，而不是踏空。

一个女记者走遍了世界各地，拍了很多精彩的照片，做了很多激动人心的报道，拿过不计其数的奖项。有一次，她到一个草原牧民家里做采访，那个家庭的主妇看上去很单纯，也很劳碌，她上了年纪，也许是日夜操劳的缘故，她看上去比实际年龄更老。

"这么说，你从出生到现在，从来都没有看过外面的世界。17岁嫁人后，就一直为家人劳碌到今天？"女记者惊讶地问，她努力地忍住自己的同情。

可是，她发现那个女人正用同情悲悯的眼光看着她："你是一个女人，竟然孤身一人到处走，没有一个安定的家，你一定受过很多苦吧？"

那一刻，记者不知道自己和那个从未离开家门的女人，究竟谁更幸福。

记者和主妇究竟谁更幸福？其实都很幸福，她们互相同情的，不过是对方少了自己的经历，而自己最在乎的，永远是心灵最重要的部分。女记者希望自己万水千山走遍，主妇希望自己永远支撑一个宁静欢乐的家。当然，如果记者能在劳累之后，有一个温暖的怀抱歇脚；主妇在操持之余，能够去外面看看风景，她们的生命在外人看来，会更圆满充实。

人的心需要旅行，也需要回归，不论玩世不恭的人，还是勇往直前的人，只要愿意，都能确定一个家园。不论是和一位喜爱的异性组建的小家，还是和亲人朋友组建的"大家"，或者用知识、经验、爱好堆积起来的精神家园，你一定要让自己的身体和心灵，都有一个"容身之所"。人们难免要历经沧桑，在沧桑中，只有家园能给我们安慰和庇佑，哪怕这个家园看上去那么小，但它也许就是暴雨中的大海里，那救命的浮木。

适当的时候，你也要懂得"回归"。我们每个人都有旅行的经历，旅行之初，我们意气风发，恨不得把全世界都走遍才满足。但只要经过一天的颠簸，我们就迫切需要一个旅馆，让我们稍作休息。随着旅途越来越长，路途上的风景还能让我们留恋，但对大同小异的旅馆，我们却非常腻烦。于是到了最后，我们只剩一个想法："不如快点回家吧。"

生命也是这样一场长旅，闯荡与休息，需要交替进行。经历过的事，不论是痛苦还是欢喜，都需要一个静谧的空间让我们慢慢整理。很多人认为经历产生智慧，这没错，但经历过后的那段沉思、休憩，却能让智慧升华，让我们懂得如何更加从容地面对生命。这时才会知道：我们历经沧桑，就是为了能找到心安之所。

幸福，不是状态，而是感受

　　每个人都希望自己幸福，每个人都在寻找幸福，可幸福太抽象，没有人摸到过，也很少有人敢说："我很幸福！"难道幸福就这样可遇而不可求？

　　发现幸福需要智慧，幸福由心决定，在于平日生活中的细节，若不用心感受就会错过。对人、对事、对物，都应有一颗细腻的心，才能收集点点滴滴的快乐。

随遇而安，审美生活

　　人们常常追问：什么是幸福？幸福的生活应该是一种艺术，每个细节构造都有各自的美丽与意义。即使在远离世俗的佛门净地，澄净的心灵仍能映照点点滴滴的美丽。这种美丽来自一种"随遇而安"的心态。不论走到哪里，都要多看多想，多去经历与询问，你会发现即使是很平凡的事物，也会有光彩夺目的一面。

　　生活处处都有艺术，看你有没有一双慧眼去发掘，有没有一颗慧心去感受。但如果人的心态是浮躁的、黯淡的，就很难发现那些闪光点。如果心情是阴森的，甚至连美丽的东西都会觉得丑陋不堪，扭曲变形。走到哪里都满心不自在，这样的人，当然不容易感觉到幸福，因为他们的幸福是希望所有东西都顺着自己的心意，而不是察觉那些东西的心意。

培养平静的审美心态很重要。生活常常是繁琐而艰苦的，没有那么多如意事。在这个过程中，如果我们能够发现、感受美，就多了一层乐趣，即使在辛苦时，也能自己给自己找乐子，给心灵以安慰。如果看什么东西都是呆板的，那生活在平淡无奇中，又多了让人厌烦的成分，更加不值得人留恋。懂得生活的人，到哪里都能活得精彩；而对生活不耐烦的人，再好的生活对他而言也是囚牢。

女儿10岁的时候，父亲对她说："我们的家要重新进行装修，这一次，你自己布置你的房间。"女儿说："你和妈妈帮我布置得很漂亮，这次不能帮我吗？"

"不行，你自己来。"父亲说得很坚决。

女儿其实舍不得装修自己的漂亮房间。她的房间是爸爸妈妈布置的，鹅黄色的墙漆，上面有一些若隐若现的羽毛图案。打在墙上的不规则书架，最上层是垂下绿叶的盆栽，如今已经垂满半面墙。其他架子上的相架、最喜欢的小熊玩偶、一个精致的带锁盒子，装着9岁那年她的第一本日记，还有一些她喜欢的小玩意。一个透明的玻璃罐子，里面有各种各样的糖果，上面贴了一张纸条，爸爸用漂亮的字迹写着：一天只许吃一颗。还有柔软的床，细密梦幻的窗帘，女儿突然发现，她的房间像一个精心琢磨的艺术品，难怪每天睡在这里，都觉得自己是个幸福的小公主。

"只要用心，我应该也能设计一个漂亮的房间吧？"女儿喃喃地说。

女孩的父母颇具生活智慧，他们不错过每一个细节，让女儿的房间充满了父母的爱，成长的点滴，自然的元素，还有小女孩期待的梦幻，幸福是什么？幸福不是打造华美的宫殿，而是不错过每一个人让人快乐欣慰的细节。所以，他们的女儿觉得自己是个小公主，而且，正在培养她使自己幸福的能力。

人心也可以是一门艺术，甚至是更重要的艺术。做人要做得漂亮，从性情开始，一点一点研磨，在日常生活中注意一些小细节，就能让你的生活质量和受欢迎程度有极大的提高，当你开始能够从他人的眼神中，揣摩出他的心思，就能在一定范围内满足他的要求，让他更加喜悦。这并不是奉承迎合，而是人与人之间该有的体贴——难道非要对方把什么都明明白白地表现出来？有些事对方不说，你也应该知道。

培养艺术心态，最重要的是不错过生活中的细节。太阳东升西落是平常的，但是如果你愿意仔细看，你会发现日出时的点点光辉，或者夕阳下火红的云彩，都有别样的美丽。和人的相处更是如此，那些看上去简单粗暴的人，也许有你想不到的细致；而那些看着普普通通的人，也许弹得一手好琴。不要小看每一件事、每一个人、每一次经历，生活中的艺术俯拾皆是，需要你慢慢去发掘。

不必羡慕别人，自己亦有风景

东山和西山各有一位地主，他们隔着一条江互相望着对面的山头。东山的地主听说西山上物产丰富，有不少果树。他觉得西山上终日飘着果香，而自己的山头，只有野花野草。于是，他决定拔掉所有植物，专门种果树。

西山上的地主也在烦恼，他卖果子虽然赚了很多钱，但他听说东山环境幽雅，处处鸟语花香，十分宜人，于是命人砍掉果树，任由花草树木自由生长。但是，没过几年，两个地主又在互相羡慕对方的生活，浑然忘了现在的生活正是自己追求的。

有个成语叫"邯郸学步"，说古代一个人觉得邯郸人走路好看，特意去学，结果连路都忘了怎么走。很多人因为羡慕别人而失去自我，就像学步的人，就像故事中东山和西山的地主。他们原本的生活都很美满富足，偏偏要无故生事，羡慕那些不属于自己的东西，结果也只是发现得到的还没有原来的好。

幸福有时就像挖井，你挖到的那口井可能没有别人的深，井水没有别人的甜，但因它属于你，就多了一份厚重的意味。或者说，别人的井水再好，也未必分予你，就算你夺了过来，也觉得差了滋味。因为"不满足"这种感觉，只会在不断争夺中加深，不满足于自己的，更不会满足于别人的，最后只能重复"吃着盆里惦着锅里，吃着锅里又惦着盆里"这个死循环，至于那口名为幸福的井，早已改了名字。

街道上有两家面馆，主打都是各种汤面，一家的面条又筋道又爽口，另一家却黏黏糊糊，料虽然足，口感却一般。后者看着前者生意盈门，很是着急，甚至请自己的朋友扮作客人去对手那里吃饭，想要寻找到对手的"秘方"。

秘方没找来，老板只能自己不断尝试，想要做出更美味的面。大概是天分有限，他做的面始终比对手差点味道。老板很失望，这天，他把放在面上的青菜、牛肉等等菜码放在米饭上当自己的晚饭，突然觉得这种饭汤汁鲜美，很入味也很方便。第二天，他又想到更多的配菜。没几天，老板就推出了各种盖浇饭，小店的生意很快就变得火爆。

如今，两家小饭店都已经扩大了店面，打响自己的招牌，有意在更热闹的商业街开分店。做盖浇饭的老板很庆幸当年没有一味地探索如何做汤面，而是果断地发现了自己的特长，改弦更张，否则，自己的饭店早就倒闭了。

每个人都有自己独特的优势，只是多数人一辈子都没有察觉到，这真是巨大的遗憾。但是，不是所有人都有盖浇饭老板的机会，能够发现适合自己的道路。有没有一种方法能够发现自我，确定自己的优势？这需要动用智慧，可以是你的智慧，也可以是他人的智慧。

首先，要做的是确定自己不擅长什么。这件事有个前提，就是你做什么都要全力以赴，如果浅尝辄止的话，你肯定什么也不擅长，也可能什么都擅长，以发掘自己的角度而言，你等于什么都没做。把那些不适合自己的东西和相关部分剔除掉，不要走回头路，继续去尝试，范围就会越来越小。还可以去咨询那些有经验的长辈，让他们给你一些建议，你试着去做，也会有不错的效果。

天生有某种优势的人是幸运者，但也有可能因为太过倚重天分，造成其他方面的瘸腿。而后天慢慢发掘的人，因为底子牢，各方面知识都了解，虽然有大器晚成的遗憾，但是他们的浑厚有力，也不是旁人能够轻易比拟的。天赋的灵动与后天的积累，都可以成为能力，都能带来心灵上的满足，无法比较哪一种更让人骄傲，因为，前者没有辜负生命，后者却能超越自我。每个人都应该去发现自己的优势与智慧，它们将引你走向幸福之路。

换个角度看生活

古时候，有个纨绔子弟仗着家里有钱，经常横行街市，成了地方一霸。少年的父亲对其数次责打，却没有任何成效。有一次，少年又在街市上惹祸，惊动了官府，而少年满不在乎地留下家奴，径自回家。少年父亲闻之大怒，这一次，他没有责打少年，而是命人将少年送至一深山，封了下山的道路，每日只供给他三餐。并下令三年之内他都不许下山。

少年所住的地方是一座简陋的茅屋，附近只有一座佛寺，里边有几个念经的和尚。一开始，少年怨天怨地，也不愿看屋内父亲送来的诗书，整天在林子里大发脾气。这一日，寺里的一个和尚劝他："施主既然居于此山，是当有缘，何以整日怨天尤人？"

好不容易有个人说话，少年絮絮叨叨地跟和尚诉苦，抱怨山林寂寞，饮食粗糙，无人慰藉。和尚说："山林自有山林之乐，不然古代的逸士高人为何独独喜爱归隐山林？施主应该趁此领略一下，缓解心中的躁气。"少年哪里肯听，仍旧每天发脾气。

如此三个月过去，眼见父亲铁了心不妥协，少年也不再妄想能提早下山，终于也开始拿起那些诗书，每日在湖光山色、莺飞草长中吟诗作对，闲暇时听寺里的和尚们谈禅论道。不知不觉，三年已过，少年已脱去戾气，当家人来接他，他突然觉得舍不得这一脉青山，诧异自己当年竟对这山如此反感。

习惯铺张生活的少年，到了山里难免百般不习惯，但是，换个角度想想，山里的生活不好吗？抬眼就是青山绿水，每天来往的也都是有智慧的高僧。在这种清心寡欲的环境下，人比一般时候更容易磨炼清雅的品性，所以，少年由一个纨绔子弟，变成了饱学的儒士，当他改变了自己观山看水的角度，突然发现眼前的一切都值得他怀念。

换个角度看生活，生活就是另一番样子。就像用空的木桶打水，你可以抱怨自己的努力不过是把费劲弄到的水倒出去，也可以认为自己的努力就是打满一桶水。万事万物都有两面性，都有不同的角度，如果你不满事物的阴暗面，那就绕半圈，看到的自然就是光明的一面。

因为角度不同，人也就分为两类：一种人看事情看到的永远是满满的一桶水，是空山中的鸟鸣花香；另一种人看到的是桶中的空空如也，和山间的一无所有。前者觉得自己一直在拥有；后者觉得自己不断失去。前者的生命是个被填充的过程；后者却觉得自己不断被掏空，马上就要散架。前者是乐观者，后者是悲观者。

外国一个调查组曾做过这样一个实验，他们获得六百多位志愿者的同意，在这些志愿者去世后解剖他们的大脑，当作实验样本。这个实验经过很长时间终于完成，科学家们得出了这样一个结论：那些年轻时心境开朗，总是抱有乐观情绪的人，很少患老年痴呆症，而且，因为他们乐观，对心脏压力较小，他们的平均寿命比那些悲观的人长十年左右。也就是说，乐观，意味着延长寿命；悲观，意味着提前死亡。

不同的人对待相同的境遇，为什么会有不同的看法？同样面对困境，有些人斗志高昂，有些人萎靡不振。而且，悲观者的生活总是充满负面氛围，即使在最优越的环境中，他们也会觉得自己被束缚、被压抑。这都源自他们的负面心理。他们从来不去看好的一面，只看到对自己不利的东西，自然会越来越消沉，直至影响健康。

乐观者看到的总是阳光，悲观者的世界却总是阴雨绵绵。无法改变现状的时候，就要改变自己的心情。每一种生活都不是一成不变的，也不是单面二维的，当你拆开生活的表层，会发现里边的学问大着呢。例如一个普通的技术工人，如果肯静下心来钻研他的技术，力求越来越精细，越来越高效，他也许会因此发明一种生产技术。蒸汽机是怎么发明的？黄色炸药是怎么发明的？不都是科学家看到枯燥甚至危险的工作，萌生出了创造的想法吗？于是这想法改变了现状。

人们很难保证绝对的悲观和绝对的乐观，多数人都在两者间摇摆，对待不同的事，倾向不同。悲观的时候，要学会调整自己的心态，让自己站到更高的地方，那些困难和伤心就会变小。要相信自己的智慧，相信凭借自己的能力，能够扭转令人失望的局面。有些事当你认为不可能，你就永远失去了行动的机会；当你相信它可能，看问题的角度就会出现极大改变，会发现越来越多的有利因素，你只要将它们一一收集利用，就能构筑你的成功。

幸福的人，知道自己需要什么

人若能知道自己不需要什么，既是一种智慧，也是一种幸福。试想我们的生活中究竟需要些什么？不过衣食住行加上自己的情感与爱好，如果这些东西没有限定一个范围，那就成了一个人买电视，黑白换彩电，二十三寸换三十二寸，再换家庭影院，无限制升级下去，但其实他看得最舒服的那个，也许不是最贵的。他的房子里也放不下这么多彩电。最后，随便选了一个放在客厅，或许看上去也不比他人差。

仔细想想，我们不需要的东西，远比需要的东西要多。就拿爱情做个例子，你是需要很多优秀的异性对自己痴迷，为自己付出，还是希望自己的心上人能够喜欢自己，与自己一起生活？答案是明显的，很少有人愿意留恋不喜欢的东西，而喜欢的东西，都是弱水三千的某一瓢，只要这一瓢喝到口中，其他的不过是过眼云烟，有或没有都不重要。

人们都说，女人的衣橱里永远少一件衣服。

费小姐就是这样一个喜欢买衣服的女人，尽管她家的两个大衣橱都已经挂得满满的，她还是每天都烦恼同一个问题：今天又没衣服穿。其实她的很多衣服都只穿过一次，甚至没穿过。她每个月定期的活动就是为自己选购新衣服，每次都满载而归，又每次都不满意。

有一天，上司通知她去山区工作，爱美的费小姐原本准备拿几件衣服，没想到通知下得太快，机票就定在第二天凌晨，她根本没有时间选择，只得从衣橱里随便抓了两件。

一个月后，她从山区回来，有人打趣她说："这个月只穿那么两件衣服，是不是很憋屈？"费小姐说："不会，我的红风衣已经成了我的标志，远远走过去，大家都知道是我。现在想想，以前在衣服上浪费的时间还真多，如今才知道衣服少一点，我也照样活得很好。"

很多人愿意承认自己需要的东西不多，例如女人总说自己想要的衣物不多，只是在选择的过程中，要找到最适合的那一件，就要买很多件来尝试。在生活中，这种说法无处不在，人们都说，只有经过对比，才能知道什么最合适，什么最好。但是，他们不能解释为什么不是每个人都是花花公子，哪怕谈很多次恋爱，更多的人都认定身边的那个就是最好的。

　　人们很难克制自己的贪念和占有欲，认为富有就是幸福，但他们也常常觉得自己的生活被不需要的东西填满，真正想要做什么，生活却像一个眼花缭乱的大衣橱，让自己无从选择，只能胡乱搭配，这个时候，人们宁可自己的衣橱小一些，衣服少一些，至少能让自己快速选择。

　　对有智慧的人来说，幸福不在于拥有一个仓库，而是能在仓库里拿到最贵重的宝物。只有这宝物才能给你最好的感受。人只有一双手，要知道自己最重要的东西是什么，牢牢地抓住，才算没有辜负生命。否则丢了西瓜拣芝麻，到最后手中剩下的，也许是最没用的一个，你根本不想要。

　　贪婪带来生活的苦涩，因为贪婪让你对任何拥有的东西都不满，认为它们不够好，总想要找一个更好的。它们的实际价值被你大大贬低，你占据它们，它们却让你更加不幸福，这个过程还会不断重复，你会一直寻找下去，直到找不动为止。难道非要在这个时候，你才肯看一眼自己已经拥有的东西，觉察到它们的可贵吗？知足常乐，从现在开始接受现状，发现现实中的美，才能让你体会到真正的幸福。

每一件小事都值得努力

　　眼高手低是年轻人的通病，这个不愿意干，那个也不愿意做，总想着自己能够干一番惊天动地的事业，却不想古人说"一屋不扫何以扫天下"有何道理。一个人纵使天资聪颖，但若不能戒除浮躁，踏踏实实做事，再多的聪明最后也将落个投机取巧，难成大业。

人生的意义常常蕴藏在一些小事中，就像灵魂虽大，心却只有小小的一颗。做好小事，就是对未来的一种迎接。例如每个人都期待美好的爱情，可是很少有人能抓住最适合自己的那一份，有没有想过这是什么原因？因为最理想的爱情往往是年少的时候，那时候感觉最纯最对味，可是那时候的我们却不懂如何迁就，如何付出，以致白白放手。如果我们早就学会察觉并珍惜他人的奉献，懂得欣赏他人完整的个性，懂得在细节处表现自己的耐心——假如我们早就具备了爱人的能力，我们还会错过最美丽的那段爱情吗？

生活也是如此，我们做的很多小事，也许的确不能给我们带来实在的利益，但却使我们沉淀一种习惯，一种凡事都认真的习惯。习惯了打磨每一个细节，保证不出纰漏，才能在更高的台阶上保持谨慎，不被小事绊住脚。就像一个设计师，推演得越是精细，实验结果就越是接近设想，中间一个疏忽，就会导致全盘皆输。

智慧更是如此。最初，你看到的是一小块知识，但这知识是片面的，管窥蠡测，就像小孩发现花落了会结果，在大人眼中不算什么。然而，你若连这一点小知识都搞不懂，走到哪里都会闹笑话。通过这个知识点，其实你能衍生出更多的疑问，例如花与果的关系，例如植物如何供给营养，例如果树的分类等等。只要你有足够的耐心，你就能有更多的智慧。

一个女人在手机厂已经工作五年，她每天的工作只重复着一个动作：坐在生产线旁边，从传输带上拿下机壳，装一个零件，然后放回传输带。她觉得自己的青春与生命就在这传输带上白白耗费。她和爸爸商量，想要辞掉工作，但关于未来，她却毫无打算。

爸爸问："你为什么觉得你的工作烦闷？"女儿说："每天做的不过是同一件事，有什么意思呢？"父亲说："但是没有你装的零件，手机根本不能使用。"见女儿不说话，父亲又说："那些砌砖瓦的工人，工作比你更枯燥，但没有他们，任何一座高楼都建不起来，即使很小的事也不能小看，因为少了它，大事就不完整。"

我们每个人的工作，其实都由小事组成，主管也好，工人也好，都在做属于自己的那一部分。忽视细小部分，就看不到真正的完整。意义这种东西有时仅仅是个人看法，一件事你认为有意义，才会认真对待，它就真的变得有意义；你若觉得它可有可无，对它马马虎虎，它即使重要，也会被忘在脑后，根本发挥不了作用。小事的意义就是如此。

在这里仍要说说禅宗的处世智慧，在禅者看来，没有什么事是小事，包括平日的洗衣烧饭，行走休息。只要一心一意去做，满脑子想着如何将这件事做得更好，这就是一种修为。何况有时候，一个毫不起眼的变化，却能够成为扭转时局的关键，你没有集中注意，又怎能捕捉这些转瞬即逝的细节？做好小事，也是在培养扎实的能力，从经验中提炼出敏锐的判断力，这些都是你的跳板，在机遇到来的时候，它们会助你一飞冲天。

每一件小事都值得你努力，不论多么远大的理想，也要从最小的一步走起。把你放在高台上，你能成为跳水冠军吗？也许你连游泳都不会。所以，静下心来，去学习如何摆动手臂双腿，如何旋转身体，并克服心中的自负与恐惧。试着回想一下吧，小时候第一次走路，那种心惊胆战却满怀期待的心情，能够走上几步的幸福感。如今，你读万卷书行万里路，有没有轻视最初小小的一步？想到这里，你还能轻视小事吗？人如果学会在小事上惜福，必然会对事物有更清醒的认识，也必然会有更大的成就。

偶尔糊涂

　　有一种人，凡事都要争个是非对错，在他们的世界，黑白分明，没有任何中间地带，所以，他们总是走在边缘，一边是他厌恶的"中庸者"，另一边呢？常常是悬崖峭壁，一个不小心就会跌下去。有些事的确需要一个明确的答案，例如科学需要的就是一个最精确的数值。但在人情问题上，在个人思想上，你去哪里找这个精确数值？

　　人们总认为智慧就是事事想得明白说得清楚，但真正有高深智慧的人，明白事事其实想不明白也说不清楚，每个人都有自己的思维判断方式，有自己的目的，还有不可抗因素的影响，导致了一件事总是难以捉摸。就像爱情，你如果说得明白你爱你的爱人哪一点，不爱哪一点，在什么情况下会分手，在什么情况下会考虑结婚，别人会严重怀疑你是否真的爱这个人。而爱情美满的人其实都带了点盲目和迷糊，为两个人的快乐忽略不足，有时候知道对方不对，也装个糊涂——过日子又不是做实验，何必那么累？

　　有个县城地处偏远，居民不得不面对缺水问题。每天，居民都要走上五里路挑水回来，累得苦不堪言。新上任的县官听说这件事，灵机一动，把这条挑水的路改名为"三里路"。不知为何，从此居民们再走这条路，都觉得只有三里长，而路的长度其实根本没改变。

　　有个行人路过这里，对县官说："我量过这条路，明明有五里，为什么叫'三里路'？"县官说："其实谁都知道这条路有五里，改个名字，大家心理压力小了，脚程自然就变快了。凡事如果琢磨得太明白，活得就不会舒服，是不是这个理儿？"

五里路或者三里路，走起来的感觉肯定不同，不过，居民们都在这糊涂的路名里得到了一些安慰。自己骗自己对不对？要看什么事。自欺欺人肯定不对，但若是只为了缓解压力，为了息事宁人，为了事情更顺利，该糊涂的时候一定要糊涂，聪明了才会坏事。而且你还要看明白谁在装糊涂，在别人装糊涂的时候，千万别去打扰，扫了别人的闲情逸致。

人们常说难得糊涂，这其实是一种自我解嘲。很多时候，人世有千般无奈，并非人力所能掌握，要是一一计较起来，就会没完没了。在无能为力的时候，不妨糊涂一点，不要过分自责，你不是没有努力；不要嗔怪他人，他人也有自己的难处；不要把不该说破的事说破，人们让它维持在那种状态，是为了大家好。举世皆浊我独清，也要看看时候，看看地点，除了特定事件，太过清醒就是与自己过不去。

事情看得太明白，也就没意思了。就如感情，我们都说感情纯粹，但父母之间、朋友之间、爱人之间，难道就没有利益纠葛？难道就没有心理隔阂？恐怕比旁人还要更深一些。糊涂，只是一种你在无奈中保护自己的办法，让你能够全身而退，以旁观者的角度看待事情，减少伤害。而且，你装一次糊涂，保全的可能是别人的面子，成就的也许是别人的大计，他们对你的糊涂，心知肚明，心里有感激，有愧疚，总有一天会化为报答。

不必时时恐惧人生

普通人很难克服恐惧，因为人的能力毕竟是有限的，没有人能有完全的自信，也没有人甘愿接受任何结果。人们总在"想要达成"和"无法达成"之间忐忑，在朝自己逼来的巨大阴影前战栗。恐惧带来懦弱，带来行动的迟疑和机会的错过，然后就是悔恨与悲伤，有时候，人们的失败不是因为能力不足，而是恐惧心理完全压倒了前进心理，让人们想要撤退，或者原地束手就擒，这是恐惧带给人的最大危害。

人们最害怕的不是恐惧本身，而是想象中的结果。就像一个即将要做手术的人，他的脑思维会非常活跃，想着医生的刀会从哪里切开，想无影灯照在身上的晕眩感，想护士们紧锁的眉头，想缝线后剧烈的疼痛等等。还没手术，他已经被自己吓得战战兢兢。等到自己躺上手术台，麻醉一打，浑然无觉，睁开眼发现阳光明媚天气晴朗，除了刀口的疼痛，病魔一扫而光——恐惧的事物，有时不过是上一次手术台，并没你想的那么可怕。

邦德先生在回家的路上，看见一群小孩正在打架，他看到站在中间的那个，正是自己的儿子小邦德。这个时候，当父亲的都应该冲上去保护孩子，但邦德先生发现儿子并没有看见自己，就选了个不起眼的角落，在一旁观察那些孩子的举动。

小邦德显然很着急，急得面红耳赤，包围他的是一群比他高大的男孩，为首的一个说："那件事一定是你告诉老师的，你认不认错？"小邦德说："我没有！"争论到了最后，大孩子们硬要小邦德服输，小邦德就是不肯，显然，他宁愿挨一顿打，也不愿向眼前的人低头。孩子们僵持着，最后那个大男孩说："真没想到，你挺硬气。"说完，带着其他男孩扬长而去，小邦德不明所以地站在原地，邦德知道儿子刚刚凭借自己的勇气获得了别人的尊重，心里非常骄傲。

最能与恐惧对抗的不是心理安慰，而是自己的勇气。就像故事中的小男孩，他肯定不是大男孩们的对手，但他毫不畏惧的眼神，却让几个比他大的孩子折服，再也不敢小看他。也许在男孩心中，最坏的结果不过是挨打，但挨打好过屈服——这种刚硬就是勇敢。

对抗恐惧靠的是勇气，战胜恐惧靠的是行动。不管你说多少遍"我不害怕"，都不如亲自做一做你害怕的那件事，这样才能真正明白对方的虚实。有人看到游泳池就犯晕，多下去游几次，就会发现水有浮力，只要姿势正确，想淹死也没那么容易。恐惧在很大程度上来自于自己的想象，人们会在头脑中不断渲染自己最害怕的场景，越想越逼真，越想越觉得情绪崩溃。想要克服恐惧，首先要让自己往好的方面想，想着那个最好的结果，用美好的感觉激励自己。然后，尽快鼓起勇气行动，这样才能促进自己了解恐惧的实质，再也不必害怕它。

还要记得，人们应该战胜恐惧，但不能没有敬畏的心理。例如，我们必须敬畏生命，敬畏先哲，敬畏知识，敬畏自然等等。有些时候，我们可以把玩世不恭当作潇洒，把无所畏惧当作勇敢，但如果没有这种敬畏心理，我们就无法察觉到自己的无知，变得狂妄自大，无所顾忌，终将因为自己的没轻没重酿成大祸。真正的智慧是什么？是在恐惧面前，大无畏地走上去，在值得膜拜的事物面前，谦卑地低下头，聆听它们的声音。

第六辑

生命，不是躯体，而是心性

人生一世，草木一秋。悲观的人总说人生不过是生老病死走一遭，其间又要经历颠沛沉浮，苦不堪言，这样的人只看到肉体的磨砺，没看到心性的提升。

生命中最重要的，是关于心灵的智慧：如何活得安然平和，如何活得精彩纷呈，这都是心灵的修为，需要细细揣摩，时时谨记。

人不能失去自我

没有自我是件可怕的事，肉体的欲望能够满足，但没有自我，我们不过是锦衣玉食中的行尸走肉；财富的需求可以满足，但没有自我，我们只是保管财富的奴隶；感情的需要也能够得到，但没有自我，我们只是他人的附庸——唯有保持自我的灵魂，才能体味真正的快乐，生命，最重要的不是身体上的满足，而是心性上的充实。

一个和尚正在收拾自己的衣服和书籍，他被师父委派到一个偏远小镇，去当一座寺庙的住持。他的好友惋惜地说："去了那种小庙，这辈子都可能回不来，你一直是寺里最优秀的人才，要不是得罪了师父，怎么能被派到那种地方？不如你和师父认个错，不然，你的大好前程就没了。"和尚却说："我没错要怎么认？何况前程也不是我该担心的问题。"

和尚去了小庙，每个月他都会收到朋友的来信。朋友表示，师父其实还很喜欢他，只要他愿意认错，就可以把他召回去。和尚置之不理。后来朋友又来信，说师父想推荐你去首都学习，但你必须认个错。和尚又一次表示自己没错。

一年后，和尚被师父叫回寺里，师父说："既能坚持自己，又不在乎名利，这种素质真是难得，我想以后，你一定能成为优秀的僧人。明天你就去首都，去跟着更好的僧人学习吧。"

和尚并非不在乎自己的前程，但是为了坚持自我，他宁愿放弃这机会。不做违心的事，不说违心的话，这就是和尚的选择。动不动就迎合别人，改变自己，连基本的是非观念都没有，这样的人不会有自我，他们只能随波逐流，按照他人的标准生活，直到他们弄不清自己过的到底是谁的生活，他们的人生意义究竟在哪里。

一个没有自我的人是可悲的，他们的生活常常陷入一种"漫无目的"的状态中，不知道自己要什么，也不知道满足是什么，跟着别人的脚步走，或是干脆浑浑噩噩地活着。其实，迷茫的人，缺少的是做人的基本智慧。基本智慧不是指学业上的智商，为人处事的精明，而是懂得发现自我。自己是谁，自己想要做什么，自己欠缺什么，都是一个人必须了解的。自我不是空想，自我既需要心性的修为，也需要安身立命的能力。自我，必须是由内而外的，既要有思想的闪烁，以心性为内涵，又要有外在的能力，以事业做外延。

生命宝贵，谁也不希望自己有一个庸碌的人生，但大多数人却庸庸碌碌地过了一辈子，他们总说"很忙"，到最后却发现自己忙的毫无意义，仿佛身体来人世走了一遭，什么也带不走，什么也没留下。

不要让人生留有这样的遗憾，要像匠人打磨原石一样打磨自己的心性，做一个与众不同，让人佩服的人，与财富无关，与地位无关，自我，才是你今生最大的成就。

良心是人生最好的导师

走路的时候没有目标物，很容易走歪，生活中如果没有一定之规，就容易做错事。这"一定之规"，并不是颁发的法律法规，也不是社会道德舆论，而是自己内心的良知。它会在无人看到的地方限制你，在这种"规矩"下，一个人很难走歪路，违背正直的方向。

事实上，歪路比错路更可怕。人们发现错误，会及时回头改正，而走歪路却是在前进方向上小小偏离，不易被察觉，甚至察觉了也觉得没什么。随着路途越来越长，你会发现离目标越来越远，越来越不可抵达。一个念头歪斜，脚下的路就不再通向终点，这种细小的偏离必须警惕，每个人都要注意的。人们也唯有凭借良心，随时提醒方向，让自己的双眼始终看向目的地，保持行动与路线的笔直。

人心易受诱惑，很容易被外界的灯红酒绿吸引，对那些坏事，抱着"偶尔试一下没关系"的心理，然后一次次放纵自己，渐渐失去了原则和底线。只有确立好自己的原则，不论多么困难，多少诱惑都坚持到底，绝不改变，才能保持自己心中对人对事的准绳，不偏离，不恣意妄为，让每一个脚步都端端正正，被人尊重。

大山里有个小村子，每年秋收后，每家都要拿些粮食送到老村长家，这位村长如今已经不管事，半瘫在床上，每到这个时候，他看到自己家桌上地上放满了粮食，都会满脸笑容。

一个游手好闲的青年对父母说："我真不明白村民为什么要给那个老头儿送那么多粮食，他一个人根本吃不完，为什么他可以不劳而获？"父母严肃地说："那是我们村的老村长，他为村子服务了几十年，就连他的腿，也是八年前发洪水的时候，他去抢修道路才被砸坏的，做人要有良心，我们怎么能不管他呢？有我们的，就有他的！"青年听了再也不敢吭声。

做人要有良心，这是我们常常听到的告诫，村里的老村长卸任已有八年，但人们仍然惦记他，既是照顾他的残疾，又是感激他为村民们的服务。对那些帮助过自己，对社会有贡献的人心存感激，愿意尽力帮助他们，这就是良心。

良心的存在很大限度约束着一个人的行为，有时候我们做了一件好事，没有得到相应的赞美，甚至给自己带来了很大损失，也会抱怨："真不该那么好心！"但如果你不按照良心做事，受良心的谴责是最可怕的。很少有人天生就大奸大恶，毫无是非之心。做了亏心事，绝大多数人都会日夜不安，如果有人因此遭受了重大损失，亏心的人更会觉得欠了别人，根本不敢再出现在那人面前。

在古代，有德君子讲究"君子慎独"，以"慎独"作为修身养性的要求。他们懂得定时反省自我，懂得在任何时候都应表里如一，不需要别人监督自己的品德。

世界有时很小，小到只有一颗心，我们需要做自己的导师，让心间充满善念，才能让双眼不被外物蒙蔽，让头脑保持清明与聪慧，达到"仰不愧于天，俯不愧于地"的境界。

宁静的心，勘破欲望的迷局

人活于世，难免贪恋一些东西。其中，名与利是众生执迷的对象。从古至今，很少有人能勘破这两个字。有人不惜舍弃一切，也要换得青史留名，哪怕是骂名，他也认为好过默默无闻；有人为了攫取金钱，抛弃良心，坑蒙拐骗，为的就是坐拥荣华富贵。这些人沉醉在欲海里无法自拔，得不到片刻宁静。

孔子说过："富与贵，人之大欲也。"连圣人都承认，名利的诱惑是巨大的，多数人追求名利，是为了得到更好的生活，不论是安身还是立命，谁不希望自己有名有利？但凡事有度，过分追求一种东西，就会忘记最初的目标，重视这些东西甚至超过自己的性命。就像小说《欧也妮·葛朗台》中的老葛朗台，爱钱到了走火入魔的地步，不但一分钱不肯分给妻子女儿，晚年时候还天天坐在满是金子的库房里，看着金子，就觉得心里暖和。

需要花费大量时间气力得来的东西，谁愿意舍弃？尽管国人讲了几千年君子之道，人们仍然不能免俗地追逐着名利，甚至抛弃一切只为名利。心灵就像一块玻璃，透过它看到世间万物。如果镀上一层水银，能看到的就只有自己，能想到的就只是自己的欲望。欲望就像一个无底黑洞，你越是往里边填东西，越觉得填不满。不过，欲望并不是恶魔，它不能控制所有人的心智，若你愿意放下它，绕着走，它就不能发挥作用。一切都要看你追求的是什么。

　　人们无法理解某些叱咤风云的人，为何能够忍受失去权势，失去昔日的风光，或者功成身退，或者及早抽身，甘愿做一个普通人。其实，这些人正是经历了最多的东西，所以也就更明白做个普通人，就是人生最大的福分。

　　诸葛亮说："非淡泊无以明志，非宁静无以致远。"名利堪迷，但一颗宁静的心却能超越欲望的牢笼，因为心灵向往的是一种更高的境界。就像一个喜欢登山的人，最初带着好胜心到处寻找高峰，证明自己的能力，最后却会觉得这种带着目的的征服，做多了也没意思，还不如静心享受攀登的乐趣和周边的风景，体味生命的真滋味。

　　什么样的人生最丰富？是那种既有大风大浪的情怀，又有高山流水的情致。没有人从出生就懂得沉静，人都有激情迸发的时候，这时候一定要把握这份炽热，努力去创造、去证明。但在这之后，也要忍受冷清和高处不胜寒的孤寂，自古名利场都是一时的热闹，就像鲜花红不过百日。一颗宁静的心，会陪伴你经历世事，保证你不因物欲迷失，不论冷清还是热情，它让你相信生命最美好的部分，就是经历之后，还有一颗平和空明的心。

心性简单，灵魂不会疲惫

有人追求奢华舒适的生活，把出有豪车入有豪宅，有仆人照顾的生活当作幸福，但他们追求的并不是生命最本质的东西，那些豪华的事物占有了他们的目光，占据了他们大量的时间，于是他们腾不出手真正地做点什么。他们就像笼子里的鸟，只顾着每天的食粮和水，连唱歌都忘了，更不知道如何展开翅膀飞翔，这样的生活还有什么意思？

现代人都会把时间一分为二，一部分用来工作，一部分用来生活。给生活那部分时间，因为要面对太多的诱惑，太繁杂的人际，太过庞大的信息量，以致没办法筛选，只能堆积在头脑里，正在想一件事，不经意又牵扯起第二件事，而后第三、第四……没完没了，简单也就成了一种奢望。也许我们应该看看小孩子的生活。

一位哲学教授在课堂上和学生们谈论"快乐"这个话题，学生们各抒己见，从古希腊的酒神祭说到了现代艺术，也没说出个所以然，快下课时，教授布置了篇幅五千字的论文一篇作为课后作业。

说来也凑巧，教授回家后，他8岁的女儿正在桌子上写一篇作文，题目刚好是《快乐的一天》，只看她写道："星期天，爸爸妈妈带我去动物园玩，我看到了猴子和老虎，它们真可爱。妈妈给我买了一块蛋糕。晚上我们一家人一起在阳台上烤肉，然后妈妈让我回去睡觉。我高兴极了，真是快乐的一天！"

第二天，教授把女儿的作文带到课堂，对同学们说："昨天我们讨论了一个半小时，你们每个人需要用五千字篇幅都未必写明白的东西，我的女儿用不到一百字，写得明明白白！"

如果一个人的心性像小孩子一样单纯，那么他们就很容易为简单的事快乐。其实，快乐是世界上最简单的东西，看到一朵花开了，你笑了，这就是快乐。但对于那些心思复杂的人，他们眼睛里看到的花，或者直接折算成价格，或者开始推测花主人的状况，或者掂量花朵有没有毒，他们从不把一件简单的事看得简单，也只能感叹："复杂，真复杂。"

把简单的事做复杂，太累。而把复杂的事做简单，就是智慧。有慧心的人即使在忙碌的环境中，也要化繁为简，追求一份简单的心态。在五色眩迷的生活中，也试图维持一份质朴，不让灵魂疲惫。为自己的心灵留一份孩童似的简单，相信那些你愿意相信的事，欣赏那些打动你的事物，把自己的心灵始终放在一个单纯美好的氛围中，就永远不会迷失。

从害怕孤独到享受孤独

人活于世，总是不可避免一个问题：孤独。每个人都体味过孤独的滋味，小时候，哭泣时发现父母不在身边；长大了，遇到困难发现少有人能够帮助自己；困惑的时候，心中的情绪无法对人倾诉……孤独，有时候像自生自长的藤蔓爬满心灵，将自己牢牢捆住，不能喘息。有人被孤独压垮，有人却像睿智的高僧那样，开始了解孤独，享受孤独，明白孤独是人生必经的过程，正视并且接纳它。

孤独，能够磨炼出缜密的思维，能够锻炼出敏锐的观察力，很多伟大的成就都在孤独中产生，耐得住寂寞才能成就大事。马克思来往于大不列颠图书馆和自己的小书屋，历经四十余年，终于完成《资本论》；司马光通宵达旦翻阅史书，撰写文章，花了十九年才完成《资治通鉴》；李时珍行走于深山，亲尝草药，用二十七年完成了《本草纲目》；曹雪芹"批阅十载，增删五次"，忍住一生的孤苦凄清，才完成古典名著《红楼梦》……能够与孤独为伍的人，最重视自己的心灵，也最容易取得巨大的成就。

哲人说："只有最伟大的人，才能在孤独中完成他的使命。"耐得住寂寞，几乎是所有成功者的共同特征。耐住寂寞这种行为本身，就代表沉思与厚重，不随波逐流，一心一意做自己的事业。耐得住寂寞的人不会追赶时髦，不会为了一时的功利放弃自我，他们把目标放在心灵最显著的位置，不偏不离，即使前方是荒山野岭，也要坚定地走下去。

安徒生写过一篇童话叫《野天鹅》，在这个故事中，女主角为了拯救被恶魔施了法术而变成野天鹅的哥哥，在织完十二件荨麻衣服之前，不论发生任何事都不能说话。在这个过程中，她与一位王子相爱，王子愿意娶她为妻。可是，因为她整天都在做奇怪的编织工作，还一言不发，有些人开始造谣，说她是妖女，必须被火刑处死，这个时候，她依然沉默不语。

幸好是童话，童话大多有一个幸福的结尾，变成野天鹅的哥哥们前来救她，在刑场穿上荨麻衣服，变回了人的模样，说出了真相。女孩终于能够开口，并过上了幸福的生活。

所有在寂寞中行事的人都像童话中的女孩，有时候不是他们不想倾诉，而是说了别人也未必能懂得。他们的生活单调，经常不断重复同一个过程，无人理解，还引人非议。在这个环境中，他们忍受孤独的折磨，也磨炼着自己的心性。

在孤独的时候，我们对自己是坦白的，想要什么，想说什么，根本不必隐瞒，于是你能够更清楚地认识自我。人生本就是一个孤独的过程，没有人能代替你走完人生，甚至没有人能一辈子陪在你身边，但孤独却能教会你很多东西。例如，在遭遇困难的时候，如果没有人在你身边帮助你，你会明白什么叫自强；当所有人都反对你，你会明白什么叫坚持自我；当你靠自己的力量突破困境，你一下子就拥有了关于未来的自信……在孤独中，人能充分发掘自己的潜力。

当我们降生在这个世界的时候，是独自一人挣脱母体，发出啼哭；当我们离开这个世界的时候，是独自一人闭上双眼，安静离去。起点和终点，注定了我们与生俱来的孤独。至少，我们的灵魂是肉体的最佳伴侣，只要心灵足够丰富，我们能够在孤独中发觉自我，感受内心每一个细微的波动。没有他人的时候，我们更能正视心底最迫切的愿望，并下决心为之努力。古今中外，多少伟业在孤独中孕育，你的孤独，是否也应该有这样的分量？

给自己体面，给他人尊严

日本江户时代有一位茶师，因茶道精湛，主人走到哪里就把他带到哪里。因当时治安不好，茶师只好换上武士装束，以打消强盗们的觊觎之心。

一开始，茶师跟着主人到处走，并没有遇到麻烦。有一天他们在酒肆吃饭，茶师不小心撞到一个喝醉的武士，武士揪住茶师，非要与他决斗，茶师再三强调自己并非武士，武士红着眼说："你既然穿了武士的衣服，就应当有武士的觉悟，你难道不敢与我决斗？"

那时候的人最重荣誉，茶师不肯在众人面前丢脸，明知会输，他仍然接受武士的挑战。两个人找了一块空地。茶师想到这是人生中要做的最后一件事，不容怠慢，于是，他首先取下自己的帽子，端端正正放在一边；然后把衣服的袖口慢慢扎紧；再然后，把裤脚也扎得紧紧的……茶师从容地做这些动作，那个已经拔出刀的武士却越来越心惊。

等到茶师终于拔出剑，那武士已经双膝跪倒，对他说："你是我见过的最伟大的武士！向你挑战，是我自不量力！"

一个不懂武功的茶师，却被武士称为"最伟大的武士"，折服武士的并不是武艺，而是尊严的力量。正是茶师宁死也不肯放弃尊严的淡然态度，让他有了胜利者的气势，让原本嚣张的武士甘愿认输。人们常说尊严无价，尊严给人带来的影响，的确无法用金钱衡量，那是一个人的骨气与傲气，支撑着一个人的形象和人格。

树活一张皮，人活一口气。尊严说小一点，就是指一个人能否得到他人的承认、他人的礼待与尊重。说大一点，还包括他的价值、他的人格与国格，尊严的外延可以一直延伸，越是有地位的人，他的荣誉心就越强，越不能容许自己做出丢脸的事。当然，尊严与地位无关，每个人都应该被人尊重，每个人也应该主动尊重他人。

想得到他人的尊重，首先要尊重自己。自爱是一种智慧，对自己的行为严格要求，符合道德与道义，不做亏心事，不为难坑害他人，在遭遇侮辱时奋力反击或积蓄力量雪耻，这些都是自尊的表现。而那些允许自己卑躬屈膝，左右摇摆，丧失原则，欺软怕硬的人，不懂得尊重自己，把自己当成他人的附庸，这样的人自然也不配得到他人的尊重。

小维是个性格直爽的女孩，雷厉风行，敢爱敢恨，这样的性子有很多人喜欢，也有很多人讨厌，总的来说，这个女孩古道热肠，人还不错，就是一张嘴总是给自己惹事。

例如，小维在公司从来不顾及同事的感受，同事胖一点，她会说："快减肥吧，不然不到 30 岁就要吃降压药！"同事穿的衣服太鲜艳，她会说："你这么黑怎么穿这种颜色的衣服？下次想穿的话至少把脸涂白点。"同事工作没做好，她会说："你的能力本来就做不了这件事，非要去做，怎么样？吃亏了吧？"渐渐地，大家都不愿多跟她接触，她很纳闷为什么她这种能力性格都不错，对人又真诚的人，在公司为什么处处吃不开。

在维护自己尊严的同时，也要注意别人的尊严。因为别人和你是一样的，你要懂得将心比心。就像故事中的小维，丝毫不顾及同事的脸面，不是笑话同事的品位，就是质疑同事的能力，就算她有口无心，听到的人谁能好受？就算他们一时忍了她，对她的印象也会一天比一天糟，说不定哪天，就会爆发激烈争吵。

现代人都受过多年教育，不会肤浅到看不起什么人，也不会有意去伤害他人的自尊。但在现实生活中，有些人却因为不懂得如何给人留面子，常常和人撕破脸。他们做事一般不会多加考虑，说话更不会经过大脑。看到什么想到什么都会直接说出来，这种行为不叫坦率，叫草率，因为你并没有考虑对方的心情，甚至没有考虑场合，没有考虑这句话说出来的效果。

在乎自己的自尊，就要懂得维护他人自尊。在公共场合，不要批评他人，更不要讲他人的闲话，这就是最基本的尊重。此外，想要批评他人的时候，注意语气和方式，可以先夸优点，再提缺点，照顾到别人的自尊心。你方方面面为别人考虑到，别人自然会考虑你。何况你的行为，本来就是一种让人心生敬佩的关心与睿智，如何不吸引人？尊严无价，每个人的心灵都有这样一片净土，你要用心守卫，同时也要记得，不要侵占别人的领地。

第七辑

人生，不是岁月，而是永恒

花有重开日，人无再少年。我们体味了成长与成熟，受过伤害，尝过甘甜，才能懂得如何爱护自己，如何坦然地面对生命。

生命最高的智慧是什么？是我们能够在走过的岁月中，深刻地体味生命的意义，懂得感恩，懂得寻找欢乐，并向着我们所憧憬的幸福一直迈进。

感恩你所经历的一切

我们常常会怀念过去，怀念不只是回忆，还包括对自己经历的一种尊重与爱护，就如法师看到家乡的团扇，想到故土泥土的芬芳，想到扶持他一路成长的人，于是流下怀念的泪。难道怀念了过去，法师的心就不虔诚吗？不，正因为铭记了至善至美的部分，法师的心才愈加坚强，愈加明白自己的所做所求。

当你怀念过去的时候，最先涌上心头的感觉是什么？是悔恨吗？因为做过许多错事，再也无法弥补，只能一次次后悔当初做出的选择；是不甘吗？在自己幼小的时候，尚未有足够力量的时候，没有做自己最想做的事；是迷茫吗？时间已经过去了那么久，自己竟然没有什么大作为，似乎白白浪费了青春；是痛苦吗？总有一些事让自己夜不能寐，难以忘怀，想起来就觉得心口疼痛……这一切，都是因为你的心态还不够平和。

有慧心的人对过去的一切，都存在一种"感恩"的心态。过去固然给自己带来过伤痛，但是，正是这些伤痛，加上喜悦，加上其他各种情感与经历，成就了现在的自己。我们常说要从过去的经历中吸取经验，提炼智慧，那大多是针对某些人某些事的"小智慧"，对于生命，我们更需要领悟到"大智慧"，那是更宏观的角度，更高远的境界。

从前，有个男孩身世坎坷，从小父母双亡，在孤儿院成长。但是，他的运气不好，孤儿院被一把大火烧毁，几个孩子分别被领养。

领养男孩的是一对中年夫妇，他们一直没有自己的孩子。没想到两年后，他们的孩子出生，这个男孩就显得有些多余，最后，他被送到城外的一户人家。

说是养子，但这家人不需要孩子，只需要一个仆人，男孩每天都要做很多活，好在这里有吃有喝，养父心情好的时候，还会教他识字。可是，三年后，养父母嫌男孩吃穿用度太多，养着累赘，将他赶出家门。

好在他已经有十几岁，到了可以工作的年纪，他忍着旁人的白眼拼命打工，最后创下了一番事业，成为一个富翁。再后来，他给四位养父养母买了房子，让他们颐养天年。很多人不理解他的做法，他说："我需要记住的，是他们在我幼小的时候，给了我吃的住的，让我能够长大，所以，我会把他们当作父母来孝顺。"

两次被收养，两次被赶出家门，在男孩成了富翁之后，他依然选择了做一个孝子。也许是心地纯良，他始终记得养父母对他的恩情，也知道没有这份恩情，他未必会有现在的成就，就算他们做过对不起自己的事，也不能抹消他们曾对自己的贡献。这样的人心胸宽广，更重要的是，他们懂得感恩。

需要感恩的并不是过去，而是曾经经历、正在经历和即将经历的一切。也许有人会说，难道让自己痛苦不已的困难、他人的敌意也需要感激？这就是在曲解感恩的含义。需要感激的是事物带给自己的那些深刻的感触，而不是感激今天谁打了你一拳，明天谁踢了你一脚。当然也不排除这样一种可能，多年后，你因为这一拳一脚的侮辱，偏要争一口气成人上人，这个时候，你大概真的会打心底感激有人曾经给你这一拳一脚，让你没有碌碌无为。

懂得感恩才懂得珍惜。人们总是说"失去以后才知道拥有的可贵"，懂得感恩的人，却是从拥有那一刻就开始珍惜，从不会留下这种遗憾。他们不会轻视别人的心意，不会贬低别人的努力，他们明白付出的价值，也明白不是所有人都愿意为自己付出。基于这种心理，他们会尽量体谅别人的心情，尽量与他人友好相处，尊重他人的个性与决定，和懂得感恩的人相处，你会觉得所做的一切都有价值，都有意义，而不是一场空。

走过的岁月永不停留，一个人如果学会感恩，他就具备了真正的慧心。他能珍视每一份属于他的心意和机会，这样的人生无疑是充满幸福感的；他能从每一次失败与挫折中提炼出经验，这样的人无疑能成就大事；他既能从他人的敌意与轻蔑中找到自己的价值与优秀，又能提起骨气与勇气，这样的姿态无疑是高昂且矜贵的。感恩，造就了一个人从容的心态，能够将岁月中所有美好的部分放入心中，化为生命的永恒。

苦不苦，不是工作的重心

一天，皇帝的儿子走进寺庙，看着寺里什么都好奇，说起话来更是没有拘束。他找到寺里德行最高的禅师问道："常听人说这是全国最大最有名气的寺院，那在这所寺院里，谁是修为最高的人？是不是大师您？"

禅师含笑摇了摇头，说："所谓修行，需要心中时时有修行之念；又不拘于修行之念，需要事事谨慎，以不碍修行；又不能事事畏首畏尾，因修行阻碍做事……"小王子半懂不懂，只好问："大师说的话真玄妙，那在这个寺院里，谁是修行最好的人？"

"本寺修行最好的，当属后院敲钟的静逸，今年只有十岁。"禅师说。

"一个敲钟的和尚？"小王子问。

"没错，他只是个没读过几卷经的小和尚，但是，他能做到心无杂念，一心一意地敲钟，所以本寺的钟声，一向以清越见长，这都是静逸的功劳。今后，他也一定能成为修为精进的僧人。殿下不妨记住老僧的话。"

数年之后，当年的小王子已经成了国王，他总是记得老禅师说过的"一心一意"，故而成为一位人人称赞的国王。有天他突然想起当年的敲钟小和尚，下令寻访，那小和尚已经成了寺院的新方丈，果然如老禅师当年所言。

人不可没有事业心，事业，是人生最重要的组成部分，一个人的价值，要看他为自己确立了什么样的成就，他对社会有多大的贡献，这

历练
心有大格局，自有大境界

都要靠事业来完成。小和尚把敲钟当成事业时，他敲出的钟声是最动听的；小王子将治国当作事业时，他成了人人称赞的好国王。为了事业，人们更能发掘自己的潜质，更能鞭策自己。

很多人不懂得事业的含义，他们眼里只有工作。与其说是工作，不如说是一个月的工资。为工资工作的人，凡事得过且过，不会让自己最差，也不会争一个最好。因为没有更高的追求，也就不必花更多的力气。这样的人永远体会不到工作的乐趣，也体会不到什么是个人价值，他们只会在日复一日的机械劳作中消磨自己。

懂得热爱工作的人，才能成就事业。事业这个概念比工作更大，它的核心是工作，外延却包括人际、发展、自我定位、社会价值等一系列东西，说一千道一万，工作做不好，一切都没用。工作做得好，事业才能稳步发展，就连生活也会在这良好的运转下变得越来越顺畅，任何时候都会觉得有重心，不空虚。

很多人爱说："我对薪水要求不高，只想找一个轻松悠闲的工作。"但是，世界上哪里有悠闲的工作？除非有人愿意让你白拿薪水。就算那些不用工作的家庭主妇，每天忙到晚，也没见她们比别人轻松，你的老板又怎会给你工资，却不充分利用你的能力？

有这种心态的人，都因心理上对工作要求太高。注意，是高，不是低。他们希望工作满足自己的需要：让自己舒服。可是，在任何一个环境待长了，都不会舒服。比如，在电梯上当电梯小姐，轻松吧？坐在那帮人按楼层号就行了。但做久了，你一定会觉得每天不见日头，没有未来发展前景，天天对着人很厌倦……人们难免会有好逸恶劳的心态，但是，太矜贵的人，就算坐在高位上，也缺乏必要的心理和能力，早晚会遭遇失败。

有慧心的人选择工作，看的不是苦不苦，而是适不适合自己。有发展的，吃多少苦都值得；没发展的，就算不吃苦也只是混日子。何况，吃得苦中苦，方为人上人，最聪明的人会主动找苦吃，而不是被动接受痛苦。他们认为自己的各个方面都需要锻炼，与其一开始就坐在明亮宽敞的办公室，不如先去体验工作的方方面面，从基层开始一路攀升，才能稳扎稳打。又有群众基础，又有技术支持，不论到多高的位置，也会觉得脚踏实地。

从爱好中体验快乐

有些人生活乏味，有些人生活充实，他们之间究竟有什么区别？也许就是禅师所说的"枯井"与"活泉"的区别。生活中没有爱好，每天都重复着相同的工作、休息，自然觉得日复一日，没有什么不同，既枯燥又乏味；生活中有了爱好，也就有了灵动的一面，伴随着每一天的提高，伴随着闲暇时的欢乐。

对多数人来说，人生中最快乐的事，是在我们的爱好中得到心灵的满足。也许你会说这话太绝对，但请仔细想想，与人交往伴随摩擦，学业事业伴随瓶颈，爱情家庭总有波折，唯有爱好随着自己的心境，想做就做，不想做就暂时放下，既不会对你有碍，又不会跟你耍脾气，是心灵世界中最自在、最惬意的那一部分。

爱好没有功利性，所以可贵。爱好需要付出一定的心血，却不一定换来收获，但是，心中的快乐又怎能以金钱衡量？爱好能够抚慰人的灵魂，不论是伤心的时候，还是烦闷的时候，面对自己的爱好，就像面对一个相交多年的好友，可以尽情倾吐心中的不快，而对方一如往常，抚平你心中的波澜，让你重拾生气，再次看到生活中最有乐趣、最纯粹的一面，这时候你会发现，原来让自己快乐是一件如此简单的事。

约翰已经老了，他觉得自己来日无多，高血压、高血脂，还伴随心脏病，更不幸的是，他的儿子工作太忙太累，无力照顾他。当约翰坐在养老院的长椅上，他感到死亡正一步步走近自己，他陷入了深深的消沉。

这一天，护理他的护士突然说："为什么你不学学画画呢？试着画一下吧！"

"可是，我从来没动过画笔！上次画画还是在小时候！"

"有什么关系。"护士说，"不是要画出什么名堂，只是打发时间，画画吧。"

在护士的鼓动下，约翰开始画画，同一个老人院里还有其他人也在学这些东西，当他们看到约翰的画作，都觉得惊讶，认为他是一个被埋没的画家。约翰老人越画越起劲，后来还参加了一个为老人绘画而开办的俱乐部。自从开始画画，约翰觉得自己的人生有了新的意义。心情一好，身体也跟着健康起来，现在，他看上去精神矍铄，他的梦想是举办一个自己的画展。

只要用心发掘，生活中很多事情都可以成为我们的爱好。去小区走一圈，看看那些老人在做什么，你就会发现生活处处有快乐。有些老人喜欢种花，或在自家门前开一片小菜地，自己种些蔬菜；有些老人喜欢下棋，一个下午也下不腻；有些人喜欢吹拉弹唱，还有不少人捧场；

有些人喜欢拿着钓竿去钓鱼，有些人喜欢举着笼子养鸟……老人尚有此情趣，何况是年轻的你。

也有人说，老人发展爱好是因为他们时间充足。爱好固然会占用一些个人时间，但是，相对于它能带来的欢乐，付出的时间都是值得的。何况，爱好真的不能拿"失去得到多少"来计算。一个人的爱好可以跟随人一辈子，带给他一辈子的快乐，这种获得有什么能取代？觉得自己时间少，可以培养一些不那么费时间的爱好，例如养几条鱼、几盆花，收集邮票或旧物，这些都能在工作之余，作为心情的调剂。

有爱好，还能促进人的人际交往能力。人们往往会因为相同的爱好聚集在一起。小区里或者网络上，都有不少同好组织，可以认识来自各行各业的共同爱好者，让你能够广交朋友，开阔眼界。当自己的爱好在相互切磋中，得到长足的提高，那种满足感，就连涨工资恐怕也无法比拟。爱好，就是这么神奇的东西。

爱好最大的作用，恐怕就是对心灵的维持与呵护。人们最初确定自己的爱好，是因为做一件事，发现了遏制不住的喜悦，这喜悦无关其他，发自内心。所以，面对自己的爱好，总能想到最初的心情，而心情是可以感染的，因为爱好的满足，一天或几天的情绪都变得轻快，烦恼也抛在脑后，困难看起来也不是那么为难。爱好，是人们一生的良友，也是取之不尽的欢乐源泉。

历练
心有大格局，
自有大境界

学着与压力共存

现代生活中，烦恼与压力都是生活中不可避免的，想要找出个没有压力的人，简直比大海捞针都难。人们的身心长期处在超负荷状态下，难免产生负面反应，不论是抵抗力下降、集中力下降，还是直接表现为身体上的病变，这都是身体和心灵长期得不到休息的结果。压力大是现代人的普遍特征，应当正确看待。

压力有时候不是坏事，一个人如果长期生活在没有压力的环境中，他的精神就会懈怠，四肢也会因过度放松而失去力量，进取心更会被消磨。所以古人说"生于忧患死于安乐"，认为"忧患"才能磨砺一个人坚强的心性，使人有所作为。可是，如果长期被压力挤压，生活处处都是忧患，步步都是不容易，一个人的精神很容易承受不住。一根弹簧承重太久也会失去弹力，何况人的精神？过多的压力很容易使人丧失信念，变得麻木，甚至产生"太累"、"没意思"等念头，想要轻生，这就是压力过度，产生了相当严重的心理问题，这种问题轻则影响生活，重则危害生命。

进入新公司后，李杰觉得自己再也没有顺利过。在开发项目时，他的下属不愿意配合他的步调，甚至和他公开唱反调。那些对他有保留意见的上司持观望态度，很少发表评价，也不会帮他说话。李杰从前是个意气风发的人，现在他也摸不准领导者的心理，只能小心翼翼地做事，以免丢掉饭碗。

在公司郁闷，回家也不消停，从前看上去贤惠的妻子突然添了很多毛病，变得唠唠叨叨，整天问东问西，让他怀疑是不是更年期逼近。一直支持他的父母突然变成了成功学家，每件事都要过问，都要提出意见，教导他应该如何做，随时数落他的不对。

一天，他和妻子发生激烈争吵，他怪妻子不体谅自己的烦恼，妻子说："你到底是怎么回事？自从换了新工作，你每天都不给人好脸色，以前问你什么，你都很有耐心，现在还没等开口你就先说烦！以前你遇到什么事都找爸爸妈妈商量，现在你根本不尊重他们的意见！"听了妻子一席话，李杰才发现原来"不顺"的原因不在他人身上，他人没什么改变，变的是自己的心情。工作带来的烦躁影响了他处理人际的耐心，这烦躁来自换工作后巨大的心理压力，如果不能及时克服，只会让自己的情绪越来越糟。

李杰请了几天假，陪陪孩子和父母，调整好自己的心情，然后回到公司，一改往日风格，收敛了自己的锋芒，有事情都会和下属上司们好好商量。他的改变果然奏效，其他人也开始变得和颜悦色，渐渐与他熟识，开始培养感情。

压力像一个负面磁场，一旦形成，吸收和释放的东西就都是负面的。就像故事中的李杰，他的压力大，最初只是觉得工作不顺手，慢慢地，他开始变得挑剔，变得暴躁，再也没有愉快的心情。更糟糕的是，他只觉得自己压力大，并没有察觉到这种压力已经表现出来，并迁怒于他人。多数心理压力过度的人，都有这个特点。

压力大多来自于内心的不如意，来自于现实与理想的差距。人们常常觉得别人看过来的眼光是种压力，其实别人也许并没有看你，只是你自己太在意这件事，以为别人和你一样在意。这时候要知道，理想虽然美好，但毕竟是一件遥远的、需要付出长期努力才能达成的事，如果太过急迫，不但事情做不好，还会把好端端的理想变为另一重压力。在这里还要介绍一个减压小窍门：不管做什么，都不要提前对他人说出来，一旦说了，就会有无数双眼睛盯着你，让你手忙脚乱，自然就会产生压迫感。

给自己减压是一种智慧。不管是肩头还是心上，压得东西多了，就会让你喘不过气，行动缓慢，这时候就要主动减去一些压力。无关紧要的事不能压在心上，赶快动手来个大扫除；短时期内解决不了的烦恼也不必压在心上，制定一个计划，按部就班地准备，等到一定火候再烦恼出不迟；已成定局的事不必压在心上，事已至此，你需要的是重整旗鼓。现在重新看看，你还剩多少压力？生命中真正让你怀念的，不是沉甸甸的压力，而是卸去压力那一刻，如释重负的轻松感和喜悦感。

爱他人，先学会爱自己

"大我"与"小我"，是我们在日常生活中常常需要面对的矛盾，每个人都生活在社会关系中，个人的意愿与他人的意愿难免发生冲突，个人的利益与他人的利益时时会有矛盾，这个时候，如何在自我与他人之间保持平衡，做出取舍，考验的不仅是智慧，还有心性。

自我是生命之本，但很多现代人不懂得如何关爱自己，不但不爱自己的身体，也不爱自己的感情，更不注重自己的心灵。或者没日没夜地打拼，或者追求着不属于自己的感情，或者沉沦在物质中，根本不理会精神生活。这样的人只会像花儿长在沙漠中,一天比一天枯萎,因为他不懂如何汲取养分,也根本没有这个意识。

爱护自己是天经地义的事,但是,要知道爱有时也有严厉的成分,为了使自己能够更加优秀,一定要在对自己的爱护中加入限制、监督。有些人宠爱自己却没有限制,想怎么做就怎么做,即使事情是错的,也会自己安慰自己说"就这么一次";还有些人过度骄纵自己,以致失去了为人处世的分寸,让周围的人厌烦不已。不爱自己,会失去自我;爱自己过了头,就成了自私自利。爱需要一个限度,对待自己也是如此。

郎先生年近半百,在外人看来,郎先生的妻子贤惠,儿女孝顺,是美满的一家。更难得的是,郎先生是个善人,平日总是资助山区贫困学生,曾经被报纸、电台报道过,他也很低调,总是说:"这么一点事,不算什么。"

最近,郎先生遇到了"家庭难题",家里每天都在吵架,邻居们在高分贝的争吵声中,才逐渐知道郎家的事。原来郎先生每个月都把大半工资用在资助贫困学生上,这么多年根本没有积蓄。他的妻子也很善良,性子比较软,只能尽力补贴家用,就连孩子的大学学费,还要靠妻子东凑西凑,幸好几个孩子现在都已毕业并有了工作。

最近,小儿子马上要结婚,需要一笔钱,刚好郎先生的公司为在公司服务满三十年的员工发了一大笔奖金。妻子认为这笔钱应该用在小儿子的婚事上,郎先生却想捐给一个慈善基金会。累积多年的矛盾终于爆发,妻子和儿女再也忍受不了,这才爆发了家庭大战。

社会需要爱心,人与人之间也需要爱心。一个懂得爱别人的人,才知道生命真正的意义。品德高尚是一件好事,但高尚得连自己的家人都不能顾惜，让全家人跟自己一起受苦，这种善良让人心情复杂，至少，不能完全赞同。真正的爱心应该是公平的，多年来爱护自己的家人有需求的时候不能满足，无论如何，都是一种亏欠。

为善也要量力而行，爱别人也要记得爱自己。一个人必须保证自己的生存没有问题，有余力帮助别人，才能真的帮到别人。就如一个人总在省吃俭用地帮助别人，没有更多的金钱发展自己，那他为别人做的事终究是有限的。而那些一心一意发展事业，有了一定的资本再去行善的人，就能让更多的人受益。

爱是世间最大的智慧，爱包含着对自己与对他人的理解、奉献。人不能太自私，只知道爱自己；也不能忘记自己的存在，把生命的意义完全放在他人身上，这两种心态都有些极端。我们能拥有的最恰当的爱心，就是在呵护自己的同时，照顾到他人的需要；在发展自己的同时，能够帮助他人做力所能及的事；在享受幸福的同时，愿意将这幸福与他人分享……一个人的世界只有自己，终究是贫瘠的，他的心放得下多少人多少事，他的生命就有多开阔。

最怕心灵的衰老

现代人生存辛苦，也就更容易衰老。过重的心理压力，过大的工作强度，过于疏懒的生活态度，都让人的肌体呈现出衰老状态。比身体更容易老的是心灵，看到新鲜的事物，再也激不起波澜，再也没有尝试的意图，就像提前进入老年状态，什么都对付着来，将就着去，生活没有奔头，不过随波逐流，走一天算一天。苍老离死亡只有一步，人们苍老的时候，就已经接近了死亡。

慧心，就像一面透亮的镜子，如佛语所说，需要"时时勤拂拭，莫使惹尘埃"，人们的心为什么会苍老？因为他们再也不相信生活，再也不相信未来，这样的心如古井的水，不会为难过的事伤怀的同时，也不再为快乐的事惊喜。人的确应该追求一种心灵上的宁静，不让情绪大起大落，然而，一旦没有情绪，这种宁静也就变成了死寂，终归与生命的本质背离。

一位记者正在采访一位 80 岁高龄的老人，老人虽然一身病，但精神状态却很好，每天兴致勃勃地组织社区里的老人们举办各种活动，展示才艺。最近，她正张罗一个夕阳红画展，想要更多的人关注那些老年艺术爱好者。记者采访完忍不住感叹："您真是老当益壮！"

回来的路上，记者坐在公车上重新听采访录音，突然发现身边坐了个翻着教科书的女孩，女孩双眼无神，根本没把目光停在书上，她看上去对什么都不感兴趣，整个人都是麻木的、恍惚的，看上去疲惫不堪……

人们害怕变老，变老会让人失去多少东西？美人变老，要面对镜子中长满皱纹的脸，再也得不到别人的追捧；运动员变老，曾经达到的纪录再也无法超越，只能看着自己越跳越低，越跑越慢；科学家变老，发现自己的思维变得迟缓，忘性变大，再也不适合精密的研究工作……对绝大多数人来说，衰老都是一件可怕的事，那代表盛年难再，代表死亡即将到来。

不过，衰老有时不是指身体上的，而是心灵上的。就像故事中的老人和孩子，老人还能保持活力，散发余热，不浪费任何时间，做喜欢做的事；孩子却对什么都不感兴趣，对生活完全麻木。显然，老人的心比孩子年轻得多，老人每天想的是如何开心，孩子每天想的都是不开心，这样的状态，后者不如前者。年轻是一种心态，而不是一种身体上的状态。你如何判断谁老？谁年轻？人的生理和心理原本就不能一一对应，那些人老心不老的老顽童，有时候比五六岁的孩子更加热爱生活、热爱生命，懂得寻找快乐。

人的心态是一条变化不定的曲线，高高低低，时好时坏，还有期待，还有失落，这是年轻的一种证明；也可以是一条直线，心地平和，波澜不惊——不过，只有这条直线在一定的高度上，才称得上豁达与智慧；若它越来越低，最后也只能跌至生命的谷底，再也无法攀升，这不是苍老，而是真正的死亡。生命，只有与年轻的心相伴，才能焕发真正的光彩，不要因生活中的挫折而磨损自己，把心灵放在更高远的地方，才能懂得年轻的快乐。

万物美丽，在山水之间

万物来自自然，人也是如此。人在自然中领悟的东西，远比在书本上领悟得多，因为人本身就是自然的一部分，只有回归自然，才能更加深入地挖掘自我，体味自我心性。在山与水的关照中，内心的高尚与渺小纤毫毕现，不容回避。正因为有了这样的认知，人才会变得更通透、更聪明。

在自然面前，人们首先感觉到的，是万物的美丽。而且，那些景物似乎与人有相通之处。那击打着厚重岩石的海浪，就像无畏的勇者；那坚实宽广的土地，像母亲温柔的胸怀；那山间潺潺的溪流，让人想到天长地久……每一次看到自然，都是一次陶冶，让你更加懂得什么是美，什么是好，什么是真正的生命。

在自然面前，人总是能意识到自己的渺小。比起辽阔的天空与大海，一望无际的平原与横穿几千米的长河，人的力量那样微不足道。在大自然的胸怀中，人们的爱恨情仇，贪嗔怨怒，也显得如此不值一提。为什么人在烦闷的时候喜欢游山玩水，就是因为在山水之间，烦恼会一点点消退，剩下的，只有对自然的感叹，对生命的感叹。

因为航班的延误，李老板遇到了大学时的同学周林。周林是个摄影记者，最近刚刚从西藏回来，在上海转机，两个人在候机大厅闲聊起来。周林羡慕李老板事业有成，李老板却很想听听周林在西藏的经历。

两个多小时的时间，周林一直在讲西藏的风景：布达拉宫的壮丽，藏民的习俗，人们对待信仰的态度，神秘的唐卡……李老板听得入了神。快分别的时候，还让周林将相机上的照片都转存到他的电脑上。

回家后，李老板反复看那些照片，想来他也因为公事到处出差，自己成了老板后，有时还会去国外谈生意，每次也会去一些风景区，可是，他从没拍过如此细致美丽的照片，想来是因为心境不同的缘故。李老板突然有一个想法，他想要提前退休，早一点去山水自然中享受人生，体味生命真正的快乐。

亲近自然，是一种什么样的状态？是一种心情的回归，身体的回归。当人们感到身心疲惫的时候，会特别希望投入到自然中，得到万物的抚慰。故事中的李老板看到西藏的风景人情照片，就已经感受到其中的美丽，可见自然是人们灵魂的归处，每个人的内心中，都有向往自然的一面，就像年幼的孩子，总喜欢跑出去在草地上打滚。

　　接触自然的最佳方法是旅行，短期的旅行能让人转换心情，长期的旅行则能让人转换身份。不管短期还是长期，旅行最好不要仓促，要尽量让路程慢一点，时间充裕一些，这才能做到真正的享受，而不是舟车劳顿，回来的时候只有"累"一个感觉。还有，不要觉得一个人出游很潇洒，如果你不具备强大的应变能力，要去旅行，最好注意安全。可以选择跟团出游，也可以参考他人的攻略，制定一个路线，但最好有人同去，互相照应。

　　如果有一天，你觉得情趣匮乏，觉得自己的智慧无法应对纷繁人世，建议你暂时放下一切，去大自然中走一圈，很多想不明白的问题，在自然中都能找到答案。名利也好，悲喜也罢，与生命比起来，不过是一个极小的落脚处，人的心，应该始终向往更广大的空间。还有，费尽心思争来争去，最后都要埋进黄土，凡事但求尽心，就无愧于生命，何必对结果斤斤计较？人来自自然，也将回归自然，这才是真正的永恒。

第二篇　为人要有大格局

第一辑
睿智的人看得透，故不争

人世百态，有人追逐名利，有人沉溺声色，有人惑于成败，有人痴于爱恨，你方唱罢我登场。若能将这名利色阵看透，不争不斗，才算得上睿智。

大格局者，以肉眼参详世界，以心灵思考人生。凡事需要看明白，而不需要争明白，不必为身外之物费尽心机，守住内心淡泊和善，才能于不争中尽享人世风光。

睿智者淡泊，不与人争

北宋文豪苏东坡有位叫佛印的好朋友，这佛印是一位高僧，两个人经常聚在一起畅谈佛道。两个人志趣相投，天性幽默，经常互相抬杠取乐。

这一天，二人谈到"相由心生"，苏东坡问："佛印，你看我像什么？"佛印说："我看你像一尊佛！"苏东坡说："不过我看你倒像是一堆牛粪！"说罢大笑，佛印笑而不语，也不理他，继续与他谈论佛法。

苏东坡自以为占了便宜，回家后把这件事告诉了自己的妹妹——美丽聪明的苏小妹。苏小妹听了之后说："哥哥，你怎么觉得自己占了便宜？参禅讲究心中有，眼中就有。佛印的眼中，一切都是佛，说明他心中有佛；你呢，看到的是堆牛粪，你说你心中有什么？"

苏小妹的话一针见血，苏东坡听完，惭愧不已。

修佛之人心中有佛，佛印是个高僧，他不在乎苏东坡的几句揶揄，倒能在三言两语之间点透事情，指出对方的缺憾。这个小故事虽然短，但人物历历在目，哲理深入人心，所以流传至今，为人津津乐道。苏东坡性情中人，不失可爱；苏小妹天资聪颖，一针见血；佛印则修为深厚，淡泊睿智。

世间也有这样三类人，一类是平常人，有各种各样的脾气喜好，喜怒哀乐发于心，由着性子做事；一类是聪明人，他们会收敛自己的锋芒，克制自己的脾气，且能知晓事情的关键所在，为人处世圆润而不失人情，他们想达到的目标，比平常人更容易达到；还有一类是淡泊的人，他们既有智商又有情商，既有平常人的七情六欲，又有聪明人的目光如炬。

淡泊是一种境界，凡事做得精，走得高，到了一定程度，就不会为事物所累，做到淡泊。他们和普通人的最大区别在于：他们能够做到进退得宜，掌握分寸。平常人的伤心是一味地伤心，淡泊者却能够看到事物的另一面，做到哀而不伤；他们和聪明人的区别在于：聪明人的聪明往往对人对事，含有目的，而淡泊者却能做到看透人事，保持自己心中的清净。聪明到了超脱的境界，就是睿智，淡泊者当得起睿智的评价，他们最大的特点是不与人争。

有个皇帝刚刚登基，一朝天子一朝臣，皇帝要选一个新宰相。候选人有两个，一个是前任宰相的副手，另一个是翰林院的大臣，两个人年纪相当，都有优秀的能力和深厚的学识，皇帝为选谁出任宰相而大伤脑筋。这位皇帝年少老成，想到一个好办法。他派手下的太监秘密出宫，分别告诉那两个人："根据我的消息，皇上明天就会任命你为宰相！"

听到消息后，两个人的表现截然不同，副宰相兴奋得一夜睡不着觉，一整夜都在想明日如何谢恩。另一位大臣却镇定自若，丝毫没把这个好消息放在心上。皇帝听了手下的汇报后，摇摇头说："国家事务这么多，需要一个有平常心的人来掌管，听到能当宰相就睡不着觉的人，怎么能扛起一个国家的重担？"第二天，皇帝宣布由另一位大臣出任宰相。

皇上选择宰相看重心理能力，他知道一个国家事务繁多，宰相日理万机，大事小情一把抓，如果心理素质不好，今天听到捷报失眠，明天听到噩耗吃不下饭，如何保持理性的判断力？可见皇上想要找的是一个睿智的人，他能够做到手有重权，心中淡泊，不被得失左右，一心一意只做自己的工作，这样的人才能让人放心。

淡泊者有一颗平常心，他们相信是你的终归是你的，不是你的强求不来。这并不是一种认命的状态，事实上他们做的准备可能比任何人都要多，具备的素质比任何人都要好，也比任何人都要适合他们想做的事。为什么还能做到罔顾得失？因为他们知道世事无常，有太多因素左右时局，不是一己之力所能更改的。强求不是跟别人过不去，而是跟自己过不去。

淡泊者是有佛心的君子，他们的气度让人由衷钦佩。他们睿智，经得起大风大浪，在他们眼中，结局如何不重要，自己有没有得到也不重要，重要的是自己做到了、做好了，他们心中踏实。正因为少了对虚名的追求，他们才能比别人更加认真、更加执着；少了对回报的坚持，他们才能比别人更加超脱、更加快乐。

凡事不用太较真

　　李彤最近升了职，好友们为她摆酒祝贺。席上，李彤的一个同事小张喜欢卖弄，常常说话引得大家笑也不是，说也不是。几杯酒过后，这位同事又说："李白曾经作诗说：'春风得意马蹄疾'，说的就是小彤现在的情况！"

　　这时，一直看不惯小张的小李说话了："这句诗是孟郊做的，你弄错了。还有，下一句是'一日看尽长安花'，这不是咒小彤？"酒席上的气氛立刻变得有些凝重，小李借着酒醉，历数小张的不是，搞得大家都没心思庆祝，小张喝到一半就告辞回家。大家都埋怨小李说："谁不知道小张是那个样子，何必跟他较真？"

　　很多时候我们喜欢争辩，因为自己是对的，他人是错的，我们争得头头是道，有时候难免咄咄逼人。就像酒席上的小李，一定要和小张争一争诗的作者是谁，但争这个有什么意义？也许小张根本没读过诗，也许他是故意说错引人发笑，如果真为小张考虑，不妨私下告知，既不扫他的面子，又纠正了他的错误，何必搞得大家都不自在。

　　我们都看过辩论赛，辩论双方引经据典，如果实力相当，会让我们看得畅快淋漓；我们都知道诸葛亮舌战群儒，他的才华和辩才让我们羡慕不已。可是，生活不是辩论赛，没有那么多事需要你唇枪舌剑。《红楼梦》里的林黛玉就是因为口头上从来不饶人，才不得人心。如果伤害到那些无关的人，倒还无关紧要，伤害到关心自己的人，却是得不偿失。

郑板桥说："难得糊涂。"这个"糊涂"是指为人处世有时不要太较真，凡事没必要辩个明白，争出个是非曲直，最重要的是心里明白。有时候顺水推舟卖个人情，既不损害自己的利益，也不伤害别人的感情，何乐而不为？一味较真，只会让身边的人不敢轻易与你讨论问题，害怕你较真个没完，扫了友好讨论的兴致。

北宋时期，苏东坡和僧人佛印是一对好朋友，二人志趣相投，经常在一起谈论佛道，也常捉弄对方。有一次，苏东坡写了一首诗宣称自己心性清明，不受外界诱惑。诗曰：

"稽首天中天，毫光照大千。八风吹不动，端坐紫金莲。"

恰好佛印来苏东坡家里玩，苏东坡不在。他看到桌上这首诗，当即在诗后写了两个字："放屁。"写罢扬长而去。

苏东坡回家后看到这句评语，气得七窍生烟，当即跑到佛印的寺院要找佛印理论。佛印大笑说："咦，你不是'八风吹不动'吗？怎么一个'屁'就把你吹来了？"

苏东坡听后，这才察觉自己根本没有达到不受外界影响的境界，从此再也不敢吹嘘。

又是一个关于苏东坡和佛印的故事。苏东坡写了一首诗，证明自己活得明白，活得透彻。睿智的佛印两个字就让苏东坡现了原形，什么明白，什么透彻，大家不过都是芸芸俗世的普通人，标榜自己只会显得做作，承认自己糊涂倒不失坦率。

世间的事纷繁错综，有时候你认为自己很明白，其实你看到的可能仍然是假象。有时候硬要追求真相只会让自己身心俱疲。而且，一人眼里一个真相，在夏虫眼里，不会知道冬天是什么，它的寿命也到不了冬天，跟它说了也没用，还会给它增加烦恼。我们有时不妨也做只夏虫，不必对自己根本摸不到的事物伤脑筋，做好自己的事才最重要。

在日常生活中，我们难免遇到纷争，我们修炼内心的禅性，就是为了心底的宁静，在纷争面前做到不动声色。只要看得透纷争的本质，就不必与人争一时的言语长短，就算听了别人几句闲言，也不必放在心上，更无须事事与人争个分明。要记得自己并不是全知全能，你所认定的事实未必符合他人的情况，想到这一点，就能在纷争面前泰然自若。旁人看你糊涂，你却比任何人都明白，这就是睿智者的最高境界——大智若愚。

人没有自己想象中重要

英国首相丘吉尔是二战时的英雄，他与斯大林、罗斯福并称为"二战三巨头"。在生活中，丘吉尔是个低调而谦虚的人，他常对人说："不要太把自己当回事了。"

丘吉尔的这种见解来自他的一段亲身经历。二战时候丘吉尔经常发表演说，鼓舞英国人民的抗争信心，每一天，他都要赶往电台。一次，他的车子坏了，只能打一辆出租车，司机却说："对不起，我不能载您，我要回家听丘吉尔的演说。"

丘吉尔很自豪，但电台还是要按时去，他说："请您务必载我去电台，我愿意付 50 英镑！"司机兴奋地说："马上上车吧先生，我会以最快的速度将您送过去！"

"可是，你不是还要听丘吉尔的演说吗？"丘吉尔问。

"让那个演说见鬼去吧，现在只有您是最重要的！"司机回答。

人性有虚荣的一面，会为自己的成绩沾沾自喜，为自己的地位扬扬自得，当发现有人尊敬自己，即使表面上不表现出来，心里也会暗暗高兴。这一点，平常人与伟人并没有什么不同。在这个故事中，丘吉尔为自己的声名得意，但不到一分钟，就明白自己还不如 50 英镑。丘吉尔无须伤怀，因为比起他人，所有人都更重视自己的生活。

人们渴望得到他人的关注，因为渴望，才发奋努力让自己更加优秀，甚至在该休息的时候仍然勉强自己，在不情愿的时候还要强迫自己，用这种方式换来别人的称赞。但是，别人的称赞究竟有什么用？或者，别人的称赞究竟是发自内心的，还是随口敷衍的？我们并不能说清楚。说到底，虚荣的人渴望的是虚荣，得到的大多是虚假，他们最容易把自己当一回事，而在别人眼中，他们不过尔尔，没有特别的意义。

何况，人外有人天外有天，比起真正的高人，你还有很多需要改进的地方，如果为一点成绩就扬扬得意，就是缩小了自己进步的空间。一个人不能没有远见，要清楚自己的斤两，才不会惹人笑话。否则不断炫耀自己，就只能停留在某一层次，看到的也只有这个层次，眼界无法继续开拓，这是一个人最大的损失。

王先生曾在一家大公司当总经理，可谓风光一时，众人都很巴结他。后来因为工作失误，他被撤销了职务，去当浙江大区的副理，相当于连降三级。王先生自觉脸上无光，很怕别人问起这件事，说起自己的工作总是闪烁其词。

一日，王先生在大街上遇到一位朋友，朋友说："听说你不做总经理了？那调到哪里去了？"王先生说："调到浙江去了，有空你过来玩。"两个人分开后，王先生总怕朋友在背后笑话他，惴惴不安了好几天。

没多久，王先生又碰到了那位朋友，朋友又说："听说你不做总经理了？现在是什么职位？"王先生有点恼怒，认为朋友是在故意给自己难堪，只好说："我调到浙江，现在是副理。"朋友一拍脑袋说："哎呀，你说过，我竟然忘了，对不起。"

王先生这才明白，自己在乎的事，别人根本不当回事；自己的风光，别人其实并不看重。各人有各人的生活，在别人眼里，自己并没有那么重要。

被降职是一件丢脸的事，王先生深以为耻。可在别人眼中，升降最多是茶余饭后的一项谈资，听过便忘，除了别有用心的人，谁会记在心里？而那些别有用心的人大多对自己心怀敌意，为什么要被他们左右自己的情绪？看到朋友的"遗忘"，王先生终于明白自己没那么重要，不论什么事都是自己的，只要想通，都可以释怀。

如果我们愿意放下自我的过度欣赏，就能发现你在意的事，别人并不放在心上，你的成功与失败，和别人的生活没有多大关系。没有那么多人等着看你出丑，也没有多少人在乎你是否受人瞩目，你放在心上的所谓"成绩"、"名气"，可以用来鼓励自己，让亲友欣慰，如果以为无关的人也能时时刻刻记在心上，那就是一种自恋。

自恋与自重不同，它们都看重自己，但自重的人在心底认可自己，希望得到别人的尊重；自恋的人却认定别人都得承认自己，看重自己。这种自恋放在心里还好，一旦别人知道，只会哭笑不得，尖刻的人也许还会问上一句："你以为自己是谁啊？"

睿智的人一向警惕自我膨胀，保持谦虚低调，他们不会因为成绩就把自己看得多么了不起，因为他们的眼光始终在更高的地方，他们想的永远是自己做得不够的地方。所以，他们能够更好地远离虚荣的烦恼。他们知道，在心里要认同自己，但不要太把自己的名气与成绩当回事，只有这样才能不断进步，让别人真的把你当一回事。

凡事求自己，便多了机会

信仰没有功利性，信仰只是心灵上的指导，在现实生活中，无法要求谁为你做什么，不论那是一个人，还是一尊佛像。

何况，把自己的事推给他人，是一种不负责任的行为，如果自己的事不去自己解决，总指望依靠他人或者外力，那自身的价值如何体现？如果下次再有同样的事，你仍然不知道如何解决，只能继续求人拜佛，那么你一生都只能在祈求他人施舍中度过，无法真正独立。

我们从小就被教育："自己的事情自己做"，其实我们幼时得到的教育都是祖辈历经几千年沉淀下来的智慧，浅显易懂。当你真正思考它，才会发现那些简单的话才是真理，并且胜过他人喋喋不休的教诲。任何时候都要靠自己的思考和力量完成为难的事，这是能力，也是智慧。睿智的人并非对人性绝望，而是更能体谅他人，对自己也有更严格的要求。

秋天到了，两只猴子正在为过冬的粮食烦恼，它们的运气很好，前方出现了一袋玉米——也许是从运货的卡车上掉下来的。

平分了一袋玉米，两只猴子得到了过冬的粮食。一只猴子将玉米拖回山洞，剥了一半作为冬天的食物，另一半留下来，准备春天到来时播种。

又一年的秋天到了，种下玉米的猴子已经收获了一整年的粮食，它高兴地四处跳跃。这时，它看到自己的朋友——那只拿了另半袋玉米的猴子，那只猴子愁眉苦脸，正在为过冬的粮食烦恼。猴子惊讶地说："去年，我们不是捡到了一袋玉米？"

"是啊，靠着那半袋玉米，我过了一个舒服的冬天。这个冬天不知该怎么过，我希望自己还能捡到一袋玉米。"那只猴子说。

在灾难即将到来的时候，没有谁能帮助自己，大家自顾不暇，等待的人只有死路一条，这个时候唯有运用智慧，自己拯救自己。故事中的两只猴子就像正反面教材，一个自食其力，一个听天由命，听天由命的人也许会得到一时的好运或者一时的救济，但自食其力的人拥有的却是一世的财富。一时和一世的区别，相信每个人都能分辨。

人不能靠他人生活，靠他人生活的人本质上是乞丐，有些乞丐在街边向陌生人乞讨，有些乞丐在家中向父母乞讨，有些则在社会上向周围的人乞讨。说穿了，多数乞丐不是没有能力，而是懒惰，不愿意自己动手，有一种"懒汉思维"，有了愿望也希望由别人帮自己实现，自己只要坐享其成就行。在小事上，懒汉们也许能得过且过，一旦出了大事，旁人无法帮助他们，他们就会大惊失色，不知如何是好。

人要当自己的救世主，的确有人愿意帮助你，那是人与人之间的情谊，应该感激。但要记住别人帮你并不是义务，今天他有能力和心意帮你，明天可能就没有这份能力和心意。能够自己完成的事一定要自己完成，才能真正培养自己的实力。就像小时候我们做作业，平日总是靠别人帮自己做的人，到了考场就会露馅，还不如自己老老实实学习。自助者天助，求人不如求己，相信这句话的既是强者，也是智者。

世间一切，皆是短暂拥有

一切美丽都是短暂的，一切胜利都是短暂的。果实转眼就被摘取，花朵不过一个季节就会尽数凋零，叱咤风云最后的结局也不过是一座墓碑，这种强烈的对比最能震撼心灵，看得多了，就会反思人们究竟在争夺什么？果实想要结得最大，却是最先被人摘取；花朵想要开得最美，却第一个失去生命；生前争得你死我活，死后不过是墓地里两块并排的方碑。

想得更深入一点，就会发现世界上的事，不论你费了多少心思力气，得到后多么欢快喜悦，也只能暂时拥有。因为一切都是短暂的，不论你得意还是失落，得到还是失去。智者为什么总是追寻超脱？因为有一双看透世事的眼睛，让自己学会不去计较，才能更好地享受来之不易的生命，让短暂的生命不至于在无用的情绪中被消磨浪费。

古时候，有一个铁罐子和一个陶罐子，铁罐子里放着干果，而陶罐子里放着鲜果酿出的美酒。陶罐子扬扬得意地说："你看，我是多么美丽，我有五彩的外观，又装了上好的酒，我是世界上最尊贵的罐子！"

铁罐子很不服气，它讥笑道："你有什么了不起，如果有人不小心碰你一下，你立刻就会变成碎片。而我，不论怎样磕碰，即使发生地震，我也安然无恙！"

陶罐子和铁罐子争执不休，后来它们分别被送给他人，从此再也看不到彼此。没过几年，陶罐子被人不小心打碎，碎片扔到了一条河里，它想起铁罐子说的话，不由感叹："看来铁罐子说得没错，我的美丽多么不堪一击。"又过了不知多少年，陶罐子的碎片被考古学家捡到，放进了博物馆。令陶罐子惊讶的是，它的旁边正放着当年的铁罐子，只是，铁罐子早已锈迹斑斑。两个罐子感慨万千，铁罐子说："分开以后，我被放在一个地下室，没过多久就生满铁锈，被主人扔掉，最近才被人挖出来。我以为你一定在哪个王宫里！"

陶罐子说："我的遭遇和你一样，好不容易才能在这里歇下来。今天我才明白，一切美丽和坚固都是暂时的，我们以前真不应该争吵。"

故事中的陶罐、铁罐曾经看彼此不顺眼，挖空心思想证明自己比对方优秀。等遇到厄运，又羡慕起对方，承认自己还不如对方。直到它们垂垂老矣，才聚在一起客观地看待自己和对方，亲切而平和地话话家常。如果它们早就知晓世事无常，它们会有更多相知相伴的回忆。

如何做到睿智与淡泊？答案是多看多想，看一看那些曾经的美丽如今变成什么样。古人说："眼见他起高楼，眼见他楼塌了。"就是知晓了任何事物都无法长久存在，懂得事物的结果，自然也就少了与人摩擦争执的心理，或者更愿意让别人一步。

看透事物并不代表对事物绝望，而是因为我们看透了一切的结果，才可以做到不去计较过程中的得失。但生命只有一次，很多体验也只有一次，如果不能做到全心全意，就是最大的损失。淡泊的人明白一切都是暂时的，但淡泊不是虚无，而是珍惜。

心中有善，就不易生恶

一只蜘蛛走过地狱火海，突然听到一个人对自己说："救救我吧，小蜘蛛。"蜘蛛回头一看，只见一个男人正在地狱之火中备受煎熬，十分痛苦。再仔细一看，原来这男人生前对自己有恩，他曾经在发大水时将自己放在无水的箱子里，使自己躲过一劫。

小蜘蛛知恩图报，就将蜘蛛丝伸进火中，想要把那个人拉出来。那人欣喜地抓住蛛丝，没想到，烈火中其他人看到这条蛛丝，也来拉扯，他们都想要摆脱火狱。

"千万别放开。"小蜘蛛对那人说，用力拉着蛛丝。那人看拉住蛛丝的人越来越多，心里着急，唯恐他人抢了自己求生的机会，干脆用力一拉，将蛛丝拉断。这样一来，别人固然再也拉不到蛛丝，他自己也失去了脱离火海的机会。

人们有时很难控制对他人产生恶念，因为妒忌，因为不甘，因为竞争，希望他人倒霉，自己受益。在这个故事中，地狱中受苦的人就因为对他人的恶念，导致自己失去脱离苦海的机会。由此可见，心中有恶念的人，伤害的不仅仅是别人，自己也会被这恶念伤害。

善与恶不同，当一个人选择善良，也许他会因此遭受欺骗和损失，但他的内心是坦荡的，他所做的事帮助了他人也帮助了自己，任何时候，他都不会被悔恨与惊慌折磨。因为他们对人对事常存善心，便不会心怀鬼胎，终日与人钩心斗角，害怕别人暗算自己。心怀恶念的人没有安全感，而心怀善念的人每一天都很踏实。

善良是什么？善良就是遇事的时候不要只想着自己，一定要想想他人的感受、他人的利益，在可能的范围内照顾到他人，即使那会损害到自己，也不要斤斤计较。而且，当看到他人有困难，不要袖手旁观，要保证自己有同情心和人情味。

好人有好报。一颗善良的心，必然能得到善良的回报。将心比心，谁不希望自己在困难中得到帮助？谁不希望自己在悲伤中得到安慰？如果你平日以温和亲切的态度和人交往，在他们有困难的时候尽可能地提供帮助，那么他们又怎会在你有难的时候视而不见？由此可见，善待他人就是善待自己。

有位女记者经常去穷乡僻壤跑新闻。工作之余，她拍了很多照片，这些照片拍的是贫困孩子的生活状态，有孩子们用的课本，孩子们吃的饭食，还有孩子们渴望知识的眼睛。女记者将这些照片贴在自己的博客里，准备条件成熟后，为这些孩子联系资助人。

没想到，博客点击率出奇地高。女记者很诧异，报社的一位前辈告诉她："这件事并不奇怪，现代社会人情冷漠，人们需要一些刺激，来维持心中的善良。这些弱小的孩子能够使他们保持同情心。人一旦有了同情心，就会更珍惜生活，也更懂得生活。最重要的是，让心中怀有善念，就能够抑制恶念，这是现代人需要的。"女记者恍然大悟。

现代人心态浮躁，在竞争日益激烈的情况下，更容易产生恶念。这个时候，就需要培养自己的同情心，保持自己对他人的信任、对生活的热爱、对世界的热情。而且，这个社会需要同情心，人们只有互相关怀，才能共同进步。

善恶最能体现一个人的人格，一个人仅凭自己的成就能够在社会立足，但他所得到的仅仅是一己之利。如果他能够用自己的所得帮助更多的人，他将以善行吸引别人，这种人格上的吸引力更为持久。即使有一天这个人去世，他也会被更多的人怀念。相反，有些恶人虽然得到了一时的显赫，但人们会记得他的恶行，世代唾弃他，遗臭万年比流芳百世更加容易。

孟子说："勿以善小而不为，勿以恶小而为之。"多做一件好事，不会浪费你多少气力，却能让你收获很长时间的好心情。而做一件坏事，也许并不会花费多少气力，却会让别人在很长时间没有好心情。两相比较，为恶不如为善。人的一生做一件好事容易，一直做好事却很难，但我们仍要把善良作为对自己的基本要求，因为善良的人不会愧对他人，不会常常内疚，在任何时候都能够抬头挺胸，坦坦荡荡。

没人能战胜不争之人

三国时期，枭雄曹操占据中原，他很注意培养自己的接班人。当时，太子是曹操的二儿子曹丕，曹操却更喜欢文采过人、名动天下的曹植。曹丕很慌张，害怕父亲换掉自己，曹丕的谋士给他出主意说："您不要慌张，也不要和曹植竞争，只要做好您自己的事，显示出您的品德和气量就可以。"曹丕依言而行。

一次曹操即将出征，曹植抓紧机会朗诵自己歌颂父亲的文章，曹操听了很欢喜。再看曹丕，突然流下眼泪，跪在地上说："父王年事已高，还要亲自出征，作为儿子的我真是担心。"满朝大臣都为曹丕的孝顺而感动。大家都夸曹丕恪守太子本分，不炫耀不争名，是最佳的太子人选。曹操再三权衡，也认为曹丕的心胸更适合做一国之君。最后，曹丕坐稳了太子的位子，并在曹操死后当了魏国皇帝。

三国时，曹丕与曹植争夺太子之位，这个故事常常被人们说起。人们说到的不仅仅是曹丕后来对曹植的迫害，还有开始的时候曹丕妥善的应对策略；也不仅仅是对曹植的同情和惋惜，还有从曹植的故事里吸取的教训。从曹植的角度来看，他有才华，深受曹操的喜爱，有一批拥护自己的大臣。倘若他能收敛锋芒，一门心思恪守儿子的本分，多多立下功劳，就不会让曹操否定他，还惹怒哥哥，导致他即位后的报复行动。

争与不争的确是个难题，很多时候，不争的人就是大争，往往是最后的胜利者。不争的人能把精力集中在事业本身，而不是细枝末节。

他们全神贯注地想着自己如何能做得更好，而不是如何达到目的。可以说，不争之人少了一些功利，多了一些淳厚，最后水到渠成。

做事的时候，睿智的人想到的不是与别人争，而是从自己的角度，审视自己是否可以做好。何必管他人如何？他要争自去争，最后的胜利属于那个做得更好的人。任何时候，做事的比说事的人收获更多，有人机关算尽，就有人坐享其成。

在一座过街天桥下，有一位拉二胡的老人，他每天坐在天桥下拉着二胡，过往的人都会被那美好妙音乐吸引，听完一段再继续赶路。这位老人并不是卖艺的，他只是喜欢音乐，想要找个地方和人分享自己的心情。

经常有人来天桥下找老人求教。有一次，天桥上的小摊贩很好奇，拉住一个求教者问："这个老头到底是谁，为什么这么多人来找他学习？"那人说："他可不简单，以前是国家级的表演艺术家，放眼全国，有他这种造诣的人没几个！"

"这样的人，怎么会坐在天桥下？"小摊贩惊讶地问。

"这就是我们最佩服他的地方，对他来说，不论在天桥下也好，在外国总统面前也好，他都是一个样子。这才是真正的大师风范！"

淡泊的人具有真正的胜利者的风度。只有足够有底气的人才能如故事中的老人那样，坐在任何一个演出场所，面对任何一位观众，面不改色，一视同仁。他的眼里只有艺术，他愿意真诚地与听到的人进行交流，也只有这样的人，才能传达艺术的真谛，感动每一个听众。大师风范不是官方授予，而是口耳相传，见到的人为之折服，钦佩不已。

淡泊的人身上有怡然自得的生活感，他们看上去从不与人竞争，也不会和人发生冲突和口角，他们并非没有自己的脾气，却认为很多事根本不值得一争，自己的心情才是最重要的。他们用更多的时间完善自我，做自己想做的事，享受过程中的快乐，这种态度常常令旁人感叹不已，认为这是一种境界，常人不可能达到。

淡泊者看似高深，其实是每个人都能达到的。只要有足够的智慧看穿得失，少一些贪婪，不要处处与人争执，一心一意地做自己该做的事，不强求结果，就是一种淡泊。人生短暂，难得的是平和的心境与幸福的心情。做一个睿智而淡泊的人，才能享受更多世间风景，拈花而笑，坐看细水长流，花开花落。

第二辑
豁达的人想得开，故不求

俗事扰扰，人心欲求太多，故为人处世斤斤计较，行止起居常怀担忧，难得安稳与开心。人生还长，路程尚远，你需要一个豁达的心胸，才能放下大千世界。

大格局者不强求，他们看开造化，讲求缘法，不挽留逝去的事物，也不期盼分外的收获，更不计较人世的纠葛，万事顺其自然，得意失意都能泰然。

豁达者自在，万事随缘

繁华也好，枯萎也罢，大自然的一切都遵循四季规律，对于树木来说，春天抽枝，夏天繁茂，秋日结果落叶，冬日休养生息以待来年，这种轮回型的一生一息是最合理、最自然也是最好的生存方式。如果放进暖棚春冬不息地茂密着，恐怕树木也觉得疲惫，观者也觉得太过刻意。唯有自然的，才是最好的。

人生也是如此。人的悲欢离合就像月的阴晴圆缺，非人力所能改变。生老病死伴随着一个人的生命，所有人都会为它们苦恼，所有人都逃不开它们的束缚，这就是生命的本质。一个懂得自然的人，幼时嬉戏，壮时立业，老来颐养天年，就是生命的最佳状态。唯有这种自然，才能让身心达到和谐，领略每个年龄段的乐趣，这样的生命才能称为享受。

与人相处也应自然，人与人之间有冥冥中的缘分，否则如何解释茫茫人海你遇到的是这一个、这一些？当缘分来了，千山万水也躲不掉；缘分去了，一街之隔也会老死不相往来。在拥有的时候珍惜，在远去的时候珍重，领会这种自然，不强求改变，就是豁达。豁达的人不强求，他们知道万物的缘起，也知道生命的归宿，比起无尽的宇宙，人的存在太过渺小，如沧海一粟。世界上的一切都应顺其自然，每个人也要效法自然，这就是禅心。

山里有一户贫苦人家。这一天，母亲给儿子一个碗，吩咐他去山那边的集市买一碗油。儿子装了满满一碗，小心翼翼地往家里端，可惜他越是小心，越是容易出错。在村口，他被脚下的石头绊了一跤，不但油洒了，碗也摔碎了。

孩子被母亲骂了一顿，母亲又给他一个碗说："再去打一碗，这一次别再打碎了！"孩子刚要走，母亲又说："打半碗就行，回来的时候不用太小心，该玩就玩，该说话就说话。"

孩子按照母亲的吩咐打了半碗油。回来的时候，他像往常一样左看看右看看，没有留意手中的碗。这一次，他平平安安回到家。母亲说："越是过分在意，越容易出错，保持平常状态，才是最好的状态。"

一碗油洒了出去，就算再可惜、再抱怨也不能让它回来，与其白白生气，不如下次更加小心，用更好的方法；凡事太过小心翼翼，难免因为太过精细产生疏漏，只有保持最平常的状态，错误才能最少。所以，要保持一份轻松平和的心态，这就是顺其自然。

为人处世也应顺其自然。一时有了不如意，不必垂头丧气，因为

历练 心有大格局，自有大境界

人生都有低谷，耐得住就能走向高处；一时遭人怨恨，也不必非要解释，日久见人心，他总会知道你的真诚。有些人一生都在追求不属于自己的东西，直到老死才明白什么也不属于自己，能够掌握的只有生命本身。可那些与年龄、感情、兴趣有关的欢乐早就被他抛弃，再想追回已是无能为力，徒留感叹和悔恨，倒不如一开始就知道什么最重要，在该珍惜的时候珍惜，好过日后后悔。

命里有时终须有，命里无时莫强求。自然的法则残酷却真实，你愿意接受它，它不会亏待你，你总是违逆它，是在为难自己。人如果能够顺其自然地生活，就不会在意那些终将成为过眼云烟的东西；若是想得开，看得透，就会知道与人争斗只会白白惹来烦恼。豁达的人不会为虚名所累，他们总能在纷扰的世事中享受属于自己的那一份感悟，自得其乐。

一生总在得失之间

有一天，楚王外出打猎，在打猎回来的路上他不慎丢失了自己的弓。这柄弓十分珍贵，有大臣马上派人去找。楚王听了却说："不必去找，我们回宫吧。"

"可是，那是一张珍贵的弓。"大臣提醒。

"那又怎么样？弓丢了，总会有人捡到，无论捡到的人是谁，不都是我们楚国人？这张弓仍然是楚国的财富，何必再浪费气力去寻找？"

孔子听到这件事后说："楚王的心还是不够大，为什么讲到丢掉的弓会被人拾到，还要计较是不是楚国人呢？"

失去了弓不去找回，认为捡到的人都是楚人，弓仍旧是楚国的财产。故事中的楚王可算是一位豁达之人。而孔子的理论则更进一步，比起斤斤计较的人，楚王大度，但在真正豁达的人眼中，楚王仍然患得患失。

患得患失形容一个人对得失看得太重，不是担心得不到，就是担心失去手中的东西。患得患失的人没有一个稳定的心理，他们的意念始终在得失之间不断摇摆，没有片刻安静。患得患失的人也很难真正开心，当他没有拥有什么的时候，他整天被欲念缠扰，总是想得到；等他真正得到了，他又开始担心到手的东西被人抢走，寸步不离地看管。不论失去还是得到，他们都没有安全感，所以他们的生活非常疲惫。

像孔子一样认为丢了东西是被人捡到，根本不需可惜的人，是圣人。圣人的境界我们很难达到，但我们可以做一个豁达的人。豁达的人并不是没有喜怒哀乐，得到的时候，他们也会得意；失去的时候，他们也会难过。不同的是，得不到的时候他们不会觉得生不如死，失去的时候他们也不会从此一蹶不振。他们不会让负面思维长久地陪伴自己，这就是看得开。

20世纪，美国的阿波罗号实现了人类第一次登月。当时，阿波罗号上有两位宇航员，一位是阿姆斯特朗，一位是奥德伦。阿姆斯特朗首先登上了月球，他那句"我的一小步，是人类的一大步"成为世界名言，与他的名字一起载入史册。

曾有记者问奥德伦："如果您当时第一个走下阿波罗号，就会成为登上月球的第一人，您有没有觉得遗憾？"

奥德伦却很豁达地说："有什么遗憾？要知道，从月球回来，是我

历练 心有大格局，自有大境界

第一个走下太空舱，我是从外星球回到地球的第一人！"

阿姆斯特朗的名字早已与阿波罗号一起为我们所熟知，谁又记得同在一条飞船上的奥德伦？而奥德伦却早已看开了这件事：被人众口传诵是一种荣誉，参与了人类第一次登月也是一种荣誉，既然做到了这件事，何必在乎别人有没有记住？可见奥德伦是一个豁达的人。

豁达的人懂得开导自己，就像故事中的奥德伦以幽默回答记者，他们知道自己痛苦没有用，不如让自己豁达一点，开心一点。得到与失去不能分离，当你得到的时候，愿望就已经达成，这不是很好吗？当你失去了什么，拥有就不再是拥有，不妨告诉自己那已经不是自己的东西，你失去了，也就在这失去中得到了怀念的感觉。

因为人生漫长，我们需要经历太多的得到与失去。如果凡事都患得患失，我们的一生也会在得与失中摇摆，忘记了生命的意义是向前走，或者走得太过崎岖，歪歪斜斜。做一个豁达的人，得到的时候告诉自己一切都会过去，就不会沉湎其中，迷失心智；失去的时候庆幸自己曾经得到，就不会忧伤度日，耽误今后的生活。

胸襟越是宽广，成就越是卓著

在英国的一所著名大学，一位哲学老师正在进行一个测验，他将一张张白纸放在每个学生的书桌上，问他们看到了什么。

有些人说："老师，我看到的是一张白纸。"

有些人说："老师，白纸上什么也没有，我什么也看不到。"

极少数人说："老师，我看不到尽头。"哲学家说："我欣赏你们，你们的思维没有边界，目光不只盯着一张纸，还能超越事物本身，想到别的可能。你们的眼界更高、心胸更宽，这样的人，更容易成功。"

一张白纸，有人看到的是白纸本身，有人看到的是空白，有人看到了无限种可能。第一种人活得现实，一是一，二是二，他们循规蹈矩，做着应该做的事，不会有任何出格的举动，他们的生命安稳，却也平淡；第二种人活得无力，他们认为既然一切都会过去，努力没有任何意义，活一天算一天，他们的生命轻松，却也空虚；第三种人活得有热情，他们认为生命只有一次，必须做点什么证明自己的价值，他们相信未来，也相信自己的能力。

相信梦想也是一种豁达，当一个人不为自己的出身自暴自弃；不为此时的弱小怨天尤人；不因一时、一事而对自己失去信心，武断地下定论，我们不得不佩服他的心胸，也由衷相信只有这样的人才可以成就大事——他能够接受自己，不论是优点还是缺点，都能够突破自己。

想做出一番事业，首先要有做事业的胸襟，要相信一个人的成就必然与他的心胸成正比。举个简单的例子，做事业需要有伙伴，这些共事者身上可能有你难以忍受的品性或者习惯，甚至有人会冒犯你，经常跟你唱反调。你能不能包容不合自己心意的那部分？如果不能，你只能吸纳自己喜欢的部分，最多是一条河；只有吸取更多人的力量和智慧，才能有海纳百川的恢宏气势，所以荀子说："不积小流，无以成江海。"

王硕与庄吉是商场上一对老冤家，他们都做器材生意，经常闹矛盾。王硕为了挖对手墙脚，常常对合作者造谣说："庄吉的工厂存在很大问题，产品常常有质量隐患。"庄吉听到这件事非常恼火，但他的军师经常劝他要戒躁用忍，不可争一时之气。

有一次，有人找庄吉谈一笔大生意，没想到对方要的产品型号刚好不是自己工厂生产的那种，反倒是王硕那里的专长。庄吉想起军师常常劝告自己的话，就直接将王硕的手机号告诉了那位顾客，没多久，王硕就签下了这一笔巨额订单。

从那以后，王硕再也没有说过庄吉的不是，反倒主动把一些客户介绍给庄吉。双方发挥各自的优势，通力合作，很快打垮了其他对手，占据了国内市场。庄吉很庆幸自己当年的大度，否则，他还在与王硕争夺小市场，也根本不会有今天的成就。

俗话说："宰相肚里能撑船。"想做大事就要懂得包容和妥协。故事里的庄吉主动与和他对着干的王硕和解，换来了一位强有力的同盟者。如果总是计较过去的那点仇怨，两个商人不断作对，两败俱伤，又怎么会有后来的大成就？

想做一番事业，就要学会权衡，今天你可能吃了亏，但吃亏是为将来的前途打算，比起未来的收益，一时的小亏算得了什么？何况为了一时的得失计较，眼光就只能盯住这一时，如何看得更长远？做事要看全局，不能看局部，就像下棋高手不在乎一个子，甚至会丢卒保车，千万不要因鼠目寸光耽误自己的前程。

人人都要有容人的雅量，有时被人得罪，不要往心里去，只当一句过耳闲言，何必反复琢磨？人的心说小不小说大不大，整天放着琐事，还有什么空间装大事？对待他人的缺点，也要能担待、肯担待，不要过分苛责，和人的相处才能和睦长久。对待他人的错误，用谦和的态度指正，不要揪着说个没完，才能让人真正心服。要把精力放在那些真正重要的事上，有豁达的心胸，能做到万物不介于怀。

将过去留在过去

人们难免怀念过去，不论悲哀欢喜，都是我们曾经经历过的人生，也是不可替代的珍贵回忆。如果现实生活不如意，人们就会倾向于美化过去，在他们心中，过去的天比现在蓝，过去的人比现在单纯，过去的感情比现在纯真，过去的一切都有明亮的色彩，而现实却是黯淡的、苦闷的。沉浸在这种怀旧情绪中，人的精神也跟着低落。

还有一些人，总是对过去受的伤害念念不忘，也许是受伤太深的缘故，他们总是反复诉说、悔恨，恨不得时间倒转重来一次，再做一次选择。他们认为自己是受害者，长久地抓着过去不放，希望给自己一个交代。事实上，过去就是过去，不会对你做出任何补偿，你纠结着它，耽误的是你自己，为难的也是你自己。

高中时，林奇与三个同班同学是好兄弟。毕业时，林奇考上上海的一所重点大学，几个朋友也各有出路，他们相约大学时一定要好好努力，今后做出一番事业。

大学时，林奇一直记得当初的约定，刻苦学习。他发现大学时人与人之间的关系不像高中时那么简单，他和舍友、同学相处得不是很好，所以很怀念高中时与三个兄弟同进同退、推心置腹的那种友谊。毕业后，他本来可以在一家很好的企业工作，因为怀念高中时的朋友，他决定回家乡，和几个朋友相聚。

没想到时间改变了许多事，朋友们的外貌并没有太大变化，但各

历练
心有大格局，自有大境界

自有了事业、家庭，见了面也没有多少共同语言。林奇十分痛苦，他觉得朋友们忘记了当初的约定。朋友们却对他说："并不是我们忘了，而是各人有各人的生活，每个人都要面对现实，过去的话，就当作美好的回忆，我们只能为现在活着。"

消沉了一段时间，林奇终于决定回上海发展，他认为自己也该潇洒一点，活在当下。

过去的情谊的确是美好的，曾经的誓言想起来就会激荡人心，故事中的林奇想要找回曾经在一起奋斗的伙伴，没想到世易时移，每个人都有了自己的生活。过去的一切并非是假的，只是努力生活的人都知道，最重要的不是过去说了什么，而是现在要做什么。

豁达的人能够正视过去，从过去的美好中，他们知道生活的重要、情谊的重要，过去让他们相信人性，相信真情，这就是回忆的正面力量；同样地，从过去的伤痛中，他们愿意检讨自己，吸取经验，让这伤痛也变成一份财富。不论美好与不美好，他们清楚地知道自己手中应该拿着什么，心中应该放下什么。

我们不必忘记过去，但不能留在过去。时光匆匆，未来还有漫长的路要走，留在过去，就是限制了自己的人生，把自己的潜力只留在那一小点。一切必须向前看，人始终要向前走。我们不必对过去的梦想执拗，也不用因回忆过分伤怀。过去既然已经过去，就把一切当成一份珍贵的回忆，豁达地面对那些悲哀欢喜，然后洒脱地走出来，迎接更好的明天。

纠缠错误，是为难自己

一对夫妻结婚后日日吵架，吵得四邻不宁，还经常惊动双方家长。妻子对闺蜜们抱怨："我真不明白，结婚前我们两个有说不完的话，一天不见就像少了什么，为什么结婚后看对方就这样不顺眼，恨不得对方不出现在自己眼前。"

常言道："劝和不劝分。"闺蜜们都劝她想开一点，体贴一点，只有一个朋友对她说："你们的个性本来就不合，恋爱的时候还能相互忍让，一旦朝夕相对，缺点再也掩盖不住了，也难怪对方受不了了。有些人不适合走入婚姻，建议你们赶快离了吧。"朋友们大惊失色，没想到她会说出这种话，纷纷责怪她。

可是，就像这位朋友说的，这对夫妻性格不合，根本无法一起生活。半年后，他们的感情彻底破裂，最终还是选择了离婚。离婚后的女人对朋友说："其实我也早就知道不合适，总是想着再试试，再忍忍。早知如此，我半年前就该听你的话才对。不够果断，害的是自己。"

常言道："宁拆十座庙，不毁一桩婚。"故事中的朋友眼见女主人公不适合再维持这段婚姻，索性做个"恶人"，提醒她赶快放弃。人只有学会放弃那些不适合自己的东西，才有可能真正学会判断，知道什么适合自己，什么对自己最好。如果优柔寡断总是放不下，就只能和不如意的现状纠缠不清，没个清净。

世界上很多坚持其实不值得坚持。就如故事中天天吵架的夫妻，恩情不再，存在的只是对彼此无休止的抱怨，也许过不久抱怨就会变成仇恨。这种坚持换来的不会是守得云开见月明，而是更坏的结果。这个时候，自己的坚持只是让不愉快的经历延长，浪费时间，浪费感情。与其如此，不如当断则断。

有时候面对烦恼，我们会告诫自己"将就一下"，但"将就"有什么意义？"将就"只是使本来就不可调和的矛盾再多酝酿一阵子，很多时候"将就"就是和稀泥，把原本的烦恼搅在一起维持暂时的和平，事实上并没有改变它的性质，总有一天它还是会爆发，造成的伤害可能更大，不如在该放弃的时候早点放弃。

安易的一位朋友失恋了，安易等到周末就赶快去了朋友家，他想要安慰这位朋友。没想到朋友竟然没有消沉的状态。安易说："真没想到，你恢复得这么快。"

"哪里哪里，我也是伤筋动骨，不过我虽然伤心，却能想开。"

"想开？你怎么想开的？"

"我想起以前我的姐姐来我家，看到我养的兰花很羡慕，我想送她两盆，你知道她说什么吗？她说她很喜欢花，但是她不是养花的人，不懂得养花技巧，也不知道花的习性，如果把兰花放到她家，就会糟蹋了兰花。我想这恋爱就像养花，养不好这一朵，就不要霸占着人家，有时候，放开反倒是最好的结局。"

好梦由来容易醒，失去爱情是人生最伤心的事之一，失恋的人容易消沉，容易借酒浇愁，也容易从此自称"看破红尘"，再也不相信爱情。这样的人看上去已经放开了一段感情经历，其实还在为这段关系纠缠，并让一个不愉快的结果长久地影响自己的心境与人生态度。而故事中的这位朋友就很豁达，知道缘来躲不了，缘去莫强求，自己不合适，不如让对方找更好的，潜台词是对方不合适自己，自己也会找到更好的。

我们总是强调"坚持"的重要性，似乎"坚持"等同于"精诚所至，金石为开"，但在现实生活中，"精诚"是有的，却不一定换来"金石为开"，倒有可能因为错误的坚持耽误远大的前程。要知道对一个选择的坚持，既可能让你走得更远，也可能让你无路可走。

坚持应该合乎实际，如果在错误的方向、用错误的方式一意孤行，就是固执。还有很多人明明知道这一点，就是不愿意放开自己的"错误"。他们认为已经为此付出了各种各样的努力，中途放弃不仅是否定自己，也可惜那些花费掉的时间和精力。这个时候我们就需要有一个豁达的眼光，因为此时的放弃是在避免更多的错误与失败。有时候，放弃也是一种坚持，那是对生命的负责，对前程与更好未来的坚持。

让心境随遇而安

有个年轻人从重点大学毕业，到一家大公司工作。年轻人满怀雄心壮志，却发现自己每天只能做一些打印文件、泡咖啡、扫办公室之类的杂事。几个月后，他的忍耐到了极点，他给自己的系主任打了个电话，说想回学校执教。

系主任接到电话后说："你毕业刚刚几个月就想回学校，太早了吧？"年轻人说："我根本就不该离开学校。继续做现在的工作，我一定会发霉！"

系主任说："那么你觉得我的工作如何？当年我大学毕业，是一个普通的学生指导员，每天干的事比你还无聊，一干就是三年。"年轻人惊讶道："三年？你真有耐心！"

"三年后，系里有个老师退休，有人推荐我去教课，教的竟然是我不熟悉的秘书学。"系主任说，"不过我想，比起指导员，当讲师是个进步，于是就开始教秘书学，一教又是三年。因为我很努力，讲课好，被提拔为系主任。依我看，你不要急着回学校，继续在那个公司工作，老板让干什么就干什么，随遇而安，总有一天会等到机会！"

听了系主任的话，年轻人收起好高骛远的心思，每天认真完成老板交代的任务。三年后，他已经是那个公司的销售经理。

一个人想要成功，抱负固然重要，能力是最基本的条件，机遇也是一个关键点。不过仅仅有这些还是不够，想要成功的人还要有一种豁达的心态，那就是随遇而安、顺其自然。故事中的系主任刚刚工作的时候，就悟出了这个道理，他相信机会总有一天会来到，人不会永远坐在一个位置。就是这份心态，让他在三年后一路升级。

有时候我们会感叹自己能力不足，现实的环境总不能让我们满意，却又不能加以更改，这个时候应该做什么呢？抱怨是最没有出息的办法，也最无济于事；没有目的、没有计划的行动只会让自己的人生更加混乱，因为凡事都需要一个过程，你中途改变，就是浪费了曾经的努力；而且更忌讳放弃，你又不能确定前方没有希望，怎么能说放弃就放弃？

所有事情都需要酝酿，机遇也是如此，不必在意眼前的困境，要想想谁都有困境，谁都不会一帆风顺；更不能轻举妄动，当时机还不成熟的时候就行动，只会得到失败的结果。要相信机遇对每个人都是公平的，属于你的那一份只是还没有到来，你要做的应该是做好准备，以便它到来的时候紧紧抓住。在那之前，不妨先享受一下清闲，这不也是一种生命体验？

有个叫杰克的小伙子喜欢旅行。有一年，他一个人去美国纽约，下飞机后，刚刚订好旅馆，就被小偷"光顾"，钱包不翼而飞，身上只剩一点零钱。在美国，旅客遇到这种情况，一般都会立刻去警察局，然后在旅馆等待消息。杰克哀叹自己倒霉，不甘心美国之旅成为泡影，决心靠手边这点零钱来一次别开生面的纽约之旅。

第二天，杰克去参观自由女神像等有名的建筑，还认识了不少来旅行的年轻人。他们听说杰克的遭遇，邀请杰克与他们一起开车穿越西部，杰克兴高采烈地答应了。

整整一个暑假，杰克和新认识的朋友们畅游美国，他们住最便宜的旅馆，偶尔替人打工赚旅费。一个月后，杰克回到纽约，乘机回国。朋友们听说杰克丢了钱包，都说："你是怎么在美国过了一个月的？一定非常糟糕吧！"杰克说："恰恰相反，我过了一个非常愉快的假期！"

假想有一天，你一个人下了飞机，身在异国，护照丢失，身上只有几块零钱，你会如何？是急着找人求救，还是在警局里咒骂那个小偷？你能不能像故事中的杰克那样，既来之，则安之，目的是旅游，没了钱就来一次免费游，用仅剩的条件让自己开心？恐怕很多人都做不到这一点，就算勉强游览几个景区，必然愁眉苦脸。

豁达的人并不多，豁达有时甚至被人们称作"阿Q精神"，被认为是苦中作乐的心理安慰。我们所说的豁达是一种乐观的心理状态，豁达的人能够以最快的速度接受现状，却不会像阿Q那样只是接受，不能改变。豁达的人在判断过局势后，就会达观地放下原本的目的，顺着局势观察会有什么其他收获。

豁达也不是见风使舵，而是一种在不能改变局势的时候放得下的心态。一个人的能力终究有限，勉强自己只会带来烦恼，不如随遇而安，耐得住性子，转机也许就在下一秒出现。陆游有一句诗写得很有禅意，他说："山重水复疑无路，柳暗花明又一村。"要相信生命中有很多惊喜就在柳暗花明之后。

得道的人晓天意，故不急

人们常常羡慕那些"得道高人"，这"得道"并不是宗教上的意义，而是说他们参透世情，知天命，乐人事，虽处俗世之中却能不惊不扰，拥有大智慧与大气量。

大格局者乐天知命，不骄不躁，不急不迫。他们有平和的心境，了解自己是谁，需要做什么，不以自身境遇定喜乐，常常记挂他人，故意境高远，令人敬佩心服。

得道者平和，不急不迫

什么是"道"？"道"就是指万事万物的规律与法则。在现代生活中，所谓"得道"，就是要有一颗平和的心，与人为善。这样的人才能耕种福田。"福田"是佛教中的概念，既指人对外界与他人的布施，是一种慈善举动；也指人如果以平等的心对待世间的一切，就能得到善果。

平和的心有禅性，故脾性不急躁，有了怨气能够自行疏解，不与人因琐事起纷争。就像广袤的土地，不论敲击还是播种，都能一视同仁，保持自己的坚实和深厚。仔细想想，世间又有多少事真的值得自己生气？保持心平气和才能集中精力做好自己的事。

平和的心有定性，故行事不激进，凡事都能深思熟虑，不会因一时冲动打乱了计划，带来不可挽回的损失。就像潺潺流动的河水，总能到达入海口，又何必激流澎湃？细水长流既能达成目标，又有悠闲自在的情致。

一个老锁匠一生制锁、修锁、开锁无数，年纪大了，他想找个弟子继承他的店铺，继续打他的招牌。在几个手艺高超的弟子中，老锁匠不知该选哪一个。

老锁匠想到了一个方法，他将三个柜子都上了三重锁，对三个手艺最好的弟子说："我想要从你们之中选一个当我的继承人，你们谁能以最快的速度开完锁，让我满意，我就将我的店铺传给他。"

三个弟子很兴奋，飞快地打开三重门锁，速度几乎一样。对这个结果，老锁匠不意外，他问了另一个问题："说说看，你们在柜子里看到了什么？"

"我看到了一块金子。"一个弟子说。

"我看到一块宝石。"另一个弟子说。

第三个弟子瞠目结舌，呆呆地说："我只想着开锁，没有注意里边有什么东西。"

"你就是我的继承人！"老锁匠宣布。他又对其他弟子解释，"不论做什么都要讲修为，参佛的人心中只有佛，作画的人心中只有画，开锁的人心中只能有开锁这件事，其余的东西都能视而不见。一旦看不见，就不会产生非分之想，这就是我选他做继承人的原因。"

想要心态平和，就要抗拒诱惑，不要产生非分的念头。老锁匠选择继承人不仅看手艺，更要看徒弟们的心是否经得起考验，看到财物未必心生贪念，但不看不闻的人更显专心致志。当众人都在为外界眼花缭乱、心智不坚，能够一心一意专注于心灵的人，最是难得。

非礼勿视，就能杜绝非分之想。就像故事中的小徒弟，知道诱惑要不得，索性不去看，只做自己该做的事，这也是一种"得道"。只要守住自己的本分，世间就没有那么多求之不得，也没有那么多铤而走险。遵循自己的人生，自然会得到自己的幸福，不属于自己的就算得到，也背上了不安或内疚，终究不踏实。

人是感情动物，平和的心需要自我约束，才能真正做到波澜不惊。所谓的平和并非没有感情，而是让感情更加平和。强烈的仍然强烈，只是它有了一个限制，不会因诱惑失去定力，不会因急躁失去判断力，也不会因哀伤失去目标。当感情有了平和的心做底子，它不会失去应有的色彩，只会更加长久，更加专注。

不认命，总会有新的可能

有些人总是哀叹自己的命运，他们认为自己不会有更好的机会、更大的出息。他们有各种各样的理由说服自己"认命"，有人说自己天资不好，有人说自己容貌欠佳，有人说自己年纪大了，还有人说自己有太多失败的经验，注定不会成功。但这其实都是不思进取的借口，天资不好，勤能补拙；容貌欠佳，气质可以培养；年纪受限，学习永远不晚；失败的经验，更是成功的入场券。"天命"应该由我们自己把握，自我价值只有自己能确定。

欧阳在一家大医院做护士，她的工作是特别护士，专门照顾那些得了绝症、即将去世的病人。欧阳照料的病人大多是高龄老人，有些人行动不便，有些人无法自理，只能瘫在病床上。在这种情况下，病人们精神萎靡，仪容不整是常有的事。

桑先生和其他的病人不同，他是胃癌晚期，长期的化疗让他面容消瘦，行动迟缓，有时候走路也需要人搀扶。但是，他很注意自己的外貌，每一天，他都费力地将自己清洗干净，又将头发梳理得整整齐齐，他的病号服看上去总是比别人干净。欧阳很尊敬这位老人，因为，尽管桑先生时日不多，他仍然要保持自己的尊严和修养，这样的人很难不让人印象深刻。

得绝症的人最知道"天命"，因为死亡近在咫尺，各个器官出现病变，行动受到影响，有些人只能整日卧床，这个时候再也说不上自我价值。但故事中的桑先生却坚持着自我，健康远离了他，事业远离了他，即使"天命"如此，也要维护自己的尊严，争取自己的价值。

我们常常听到有人不屈不挠与绝症抗争，在死亡阴影下的人尚且如此，健康的人又怎么能随随便便"认命"，放弃成功机会，放弃实现自我？每个人的生命长短虽然不同，但却都有足够的时间实现自己的价值。只要努力，困难就可以克服。不要等到死亡即将来临的时候，才想起有很多事没有做，有很多梦想当初应该去尝试。

自我价值不能靠天意决定，只能靠自己的双手，还有自己的头脑。面对梦想，你可以不急躁，面对人世，也不必急迫，但在任何时候都不能放弃。努力地面对每一天，寻找自己生命意义的所在，你想是什么样子，就能做到什么样子，这才是真正的"人顺天命"。

不幸，何尝不是幸运

意大利有一座叫作庞贝的古城。1900 年前，它被突然爆发的火山淹没，埋到了地底，只有一部分人在浓烟和尘埃中逃了出去。这其中有一个双目失明的女孩。

这个女孩出生时就是个盲童，一直在黑暗中生活，她很坚强，平日靠卖花维生。火山喷发的时候，她靠着平日对城市道路的熟悉，迅速地带着很多邻居逃到了安全的地方。而很多双目完好的人，却在黑暗中找不到出城的路，葬身在火山灰中。没想到天生的残疾，造就了女孩出色的听觉和触觉，成了这个女孩逃脱灾难的依靠。有时候，不幸也是一种财富。

每个人生下来时都不同，有人身强体健，有人体弱多病，也有人天生就是残疾。如果这是一种"天意"，那些天生不幸的人完全有理由斥责"天意"不公，给一些人太多，给另一些人太少。但是，在上面这个故事中，眼盲的女孩靠着常年锻炼的在黑暗中行走的能力，躲过了一场天灾，那些健全的人却被埋在火山灰之下，不知这是否是一种"公平"？

也许幸与不幸并没有定数，所谓"天意"，也不过是自欺欺人的说法。人们常说有智慧的人知晓"天意"，其实他们知道的不过是现实，比起那些抱怨现实的人，他们愿意选择接受，从中发现积极的一面、光明的一面，并相信未来。当他们身在顺境中，也不会麻痹大意，而是更加小心防患于未然。就是这样一种心态，让他们看上去"知天命"。

　　接受现实才能超越现实，所谓幸与不幸都是相对的。当你认为自己不幸的时候，世界上肯定有比你更加不幸的人，想到这些，你的心理会不会有一点平衡？人的心理只能依靠自己调节，要告诉自己不幸有时也是一种财富，它能够带来一些更重要的东西。当你幸运时，你会忽略，只有在不幸中，才发现这些东西必不可少。

　　一个男孩从小便有小儿麻痹症，走起路来一瘸一拐，经常被小朋友嘲笑。这个时候男孩的父母没有骗他，而是详细地将这种病的病因，今后的状况告诉他，并且对他说："也许你一辈子都这样，但要记住，即使如此，你也不比任何人差，相反，今后你会比他们更优秀。"

　　在这样的教育下，小男孩从小就有不服输的品格，父母总是鼓励他，并告诉他，他有多优秀。渐渐地，小男孩比任何孩子都有自信，不论什么都要试一试，争取做到最好。他从小成绩就好，被很多人羡慕，更难得的是，他多才多艺，性格开朗，还很有同情心。尽管他走路仍然一瘸一拐，却得到了所有人的喜爱。长大后的小男孩说："我要感谢我的不幸，也要感谢我的父母，是他们让我成了一个渴望优秀的人。"

　　患了小儿麻痹症的男孩是不幸的，但他又是幸运的，他有一对懂得教育的父母，让他从不对自己自卑，能时刻感受到家庭的温暖，努力提高自己，让自己更加优秀。正像小男孩所说，有时候需要感激我们遭遇的不幸，只有在不幸的时候，我们才能体会自身拥有的财富。

　　不幸能够孕育出坚强的心灵。有些人的不幸是天生的，有些人的不幸是在成长过程中无法避免的。不幸并非不可战胜，关键在于你自己的心，你超越了它，就能拥有来自失败的经验、来自痛苦的毅力、来自磨难的韧性。这些品格在一帆风顺的环境中很难得到，它们是不幸赠予你的礼物，让你能够更加坦然地应对生命中的风雨。

不幸能够让人懂得上进和珍惜。生活常常不圆满，也就是因为不圆满，我们才有了积极向上的动力，才懂得手中财富的可贵，这种上进和珍惜相互作用，就能够最大限度地消除人生的不如意感。学着将不幸视为一种财富，要相信人生的遭遇并非偶然，只要你愿意接受考验，自然会得到奖励。当你将不幸消解在生命里，会发现幸福的明天早已在等待你。

为他人着想，便是慈悲

一位隐者在山间居住，有个樵夫不喜欢他，经常找他的麻烦，每次见面都用言语侮辱他。隐者从来不与樵夫争吵。邻人为隐者抱不平，说："你总是忍着，他才越来越放肆！"

隐者说："如果有人送了你一件礼物，恰好那件礼物你不喜欢，说什么也不肯接受。你说，这件礼物最后属于谁？"邻人说："当然属于那个送礼物的人了。"

隐者说："所以，若我不接受他的谩骂，你说他在骂谁？这是他自己的损失，我倒觉得同情，这种脾气，让他在生活中添了多少烦恼？"

邻人会意。过了一段时间，山里的人果然都对无端谩骂他人的樵夫不满，而赞扬隐者不与人计较的豁达胸襟。而樵夫因此也渐渐开始检讨自己，不再谩骂。

古时候，有些高人隐居山林，不问世事，只求在山中修得心中清净。这样的隐士历来被视作得道高人，为人敬仰。得道之人因为对万事万物一视同仁，所以慈悲。就如故事中的这位隐士，明知樵夫辱骂自己，既不辩驳，也不抱怨，反而同情樵夫的境遇，这才是真正开阔的心胸。这位隐士是隐者，也有禅心。

慈悲是什么？慈悲就是能为他人着想，就算自己受到了不公正的待遇，依然能够站在他人的角度考虑问题，不以自己的遭遇迁怒他人。慈悲并不是一件简单的事，它需要很大的耐性，更需要广阔的包容性，有时候还要牺牲自己的利益，收敛自己的感情。但是，慈悲有积极的意义，因为你的慈悲，总会有他人受益，受益者会被你的善心感化，帮助更多的人。不知不觉，以你为中心，人们开始重视为他人考虑，你一个人，就能带来一个群体的和谐。

凡事以自我为中心的人不懂慈悲，他们只会计较自己受到了什么样的待遇，得到了什么样的好处，一旦有人对他们有所冒犯，必会勃然大怒，甚至睚眦必报。他们从不肯为他人做出牺牲，凡事都不顾念他人的心情，我行我素，不断伤害周围的人。这样的人很难让人从心底产生亲近之感，因为他们没有慈悲之心，他人自然也不会对他们产生深厚的感情。

一个化学实验室的助理在下班后找到导师，抱怨刚刚进入实验组的学生笨手笨脚，什么都做不好。不管他怎么教，他们还是经常搞错最简单的公式。为此他建议："为了实验着想，我建议把他们踢出实验组，他们实在太笨了！"

导师耐心听他说完，对他说："两年前，你是研一的学生，进入这个实验室，你还记得当时的事吗？当时你也经常搞错实验步骤，给别人添麻烦。有人也建议我不要用研一的新生，太嫩，耽误事。要是当时我把你弄出去，现在谁当我的助手？"

听了导师的一番话，助理不禁脸红，他想到这几个学生都是以优秀的成绩考进这个学校，又被导师挑中才进实验组。谁没有不成熟的时候？谁不害怕做不好事情？看来，自己应该宽容一点，经常鼓励他们，他们才会越做越好。

没有人是天生的强者，即使是天才，也有蹒跚学步、笨手笨脚的阶段。人都是在不断的学习中才能进步，当人们学习的时候，很希望有一个能够鼓励自己的教导者。故事中的助理曾经遇到过这样的教导者，但他看到初学者时，却忘记了自己曾经受到的帮助。细心和耐心应该被传递，而不应该断绝，当你受到过别人的好处时，就该想到有一天，你要把这帮助转递给需要的人，这才是人与人相处中最重要的东西：善意。

每个人都有自己的特长，也许你在各方面都比他人强很多，也许你在某一方面尤为出众，这个时候你要明白并非人人都是你，都能和你做得一样好。或者想想在某些方面，你还远远不如他人，你也需要他人的指导才能做好。这个时候，你还能够指责吗？考虑到初学者的忐忑，也许你会忍住自己的脾气，耐心地教导他们。

站在他人角度想事情，受益的不仅仅是那个得到你帮助的人，还有你自己。因为站在他人的角度，你看问题自然就多了一种视角，比从前更加全面。如果你能站在最多人的角度考虑，就可以一窥事物全貌，巨细无遗。这个时候你也许就会懂得为什么那些得道之人有更多的智慧，就是因为他们曾站在多数人的角度看这个世界，因为他们拥有对这个世界的善意、对他人的慈心。

未来不迎，莫负当下

有个英国女孩嫁给一个英俊的男孩，但她是个多疑又爱吃醋的姑娘，整天怀疑丈夫在外花心，每天晚上都要偷偷查看丈夫的衣物，翻看他的手机和电脑聊天记录。

这一天，她在丈夫衣服上发现一根金色的长发，气得问丈夫："说，这是谁的头发？！你是不是有外遇了？"丈夫无奈地说："也许是地铁上沾到的，我工作那么忙，哪有时间搞外遇。"

第二天，她又在丈夫袖口发现了一根乌黑的头发，她更加生气地问丈夫："原来你还有个外国情人！"丈夫急忙解释："我的公司没有亚洲人，你别总多心！"

第三天，妻子看到丈夫身上有根白头发，激动地说："我真没想到你竟然连老太太都要乱来！你气死我了！"丈夫也生气了，大声说："那是我妈妈的头发！"

又过了几天，妻子没有发作，但每天都是气呼呼的。丈夫问："这几天你没找到头发，怎么气性更大？"妻子说："你现在连秃子都不放过了，我怎么能不生气！"

丈夫不再说什么，决定跟妻子离婚。

因为疑心病闹到离婚，这是个笑话，却又以夸张的形式反映了很大一部分人的心态。如果疑心太重，看什么都可疑，就算没有可疑，自己也会在头脑中捏造出可疑的事，然后把事情越想越严重，被莫须有的事干扰，以致推出完全不符合实际的结论，让自己和他人为难。

有一个成语叫"智子疑邻"，说的是宋国有一个富人，天上下着大雨，他家的墙被毁坏了。富人的儿子说："要是不修筑，一定会有盗贼来偷东西。"邻居家的老人也这样说。晚上富人家果然丢失了很多钱财。结果，那个富人认为自己的儿子很聪明，却怀疑邻居家的老人偷了他家的东西。由此可见，一个人难免主观臆测，一旦得了疑心病就很难解开自己的心结。

还有一个成语叫"庸人自扰"，说的是那些总是自寻烦恼的人太过昏庸，自己困住了自己。有些人不但喜欢自找麻烦，还耐不住自己的性子，一想到什么烦恼就迫不及待地加重它们，让自己烦上加烦。他们不会求证，不会反思，只会在一种急躁的情绪中拼命钻牛角尖。他们忘了所谓"道"，就是抛弃困扰，更何况是那些不存在的困扰。

徐丹是个普通的高中老师，家庭美满，生活幸福，但她天生喜欢操心，总担心哪一天自己或者丈夫失业，一家人没有生活来源。不担心金钱的时候，就开始担心一家三口的健康，怕哪个人突然生一场大病。不担心健康的时候，又担心谁在外面出点意外，万一过马路遇到车祸，走在高楼下被花盆砸中，或者发生地震火灾等等。徐丹整天担惊受怕，她的丈夫很无奈。

这一天，徐丹又在担心丈夫的工作，丈夫抱着 5 岁的女儿说："与其担心我的工作，不如担心女儿，我真担心她。"徐丹说："担心她什么？"丈夫一本正经地说："我担心她长大后嫁不出去。"徐丹说："胡说，她还这么小，怎么就担心到出嫁呢！"丈夫说："你觉得我担心的事没道理，那么你担心的事就有道理吗？既然今天的事都烦不过来，你就别担心明天的事了，谁也不是诸葛亮，走一步算一步，才是普通人的活法。"

喜欢担心明天是典型的庸人自扰,明天究竟如何我们都不得而知,私心里我们都希望明天会更好,不过就是有一种人整天担心"明天会更糟"。在他们看来,生活中有太多的隐患会让他们倒霉,也许明天他们就会失业失恋、被偷被抢、遭小人暗算,被亲朋笑话……他们的担心五花八门,甚至为这些还没有影子的事睡不着觉。

从"道"上来讲,明天的确可能会发生他们担心的事,因为万事万物都不能遵循人意,意外的确有可能发生。同样地,明天也有可能发生他们希望的事,为什么不想想积极的一面?至少不要总想着明天要倒霉,心平气和地度过每一天才是最要紧的事。退一步说,就是因为明天要发生什么,今天才更要过好。

万事万物都有一个扭转的过程,人的祸福不是我们能够预测和把握的,但整天拿明天吓唬自己,就辜负了美好的今天。不要为还没有到来的事过分忧愁,要记得我们修身养性,不是为了担心明天,而是为了成全今天。

光明不在眼里,在心中

在我们的心中也有这样一盏灯,这就是我们对现实的承受,对他人的慈悲,也就是一颗禅心。只要这盏灯亮着,我们无论走什么样的道路,做出什么样的选择,都能保证自己不偏离本心,不会被旁骛迷惑,甚至还能引领他人,远离俗世的困扰。

如果一个人的心中没有这盏灯,没有对光明的向往,他就像一个没有方向感的人走在黑暗里，只能慌不择路，无头苍蝇一样乱撞。他可能就此庸庸碌碌，一生得不到真正的智慧；也可能走上迷途，一败涂地；当然，也有可能在迷途中豁然开朗，发现光明所在，从此浪子回头，将那盏灯握在手中，不再困惑。

街头上，一个琴师带着徒弟正在拉琴，他们每天靠卖艺得到一些赏钱，维持生活。徒弟年纪尚小，且双目失明，琴师已经年迈，即将辞离人世。

这天，琴师对徒弟说："我就要死了，但我从一位高人那里寻到一秘方，可以让你的双目恢复光明。我将这秘方放在琴里，等你拉断一千根琴弦，将秘方取出，就可以看到世间一切。在那之前，千万不可妄动，切记切记。"说罢，闭目而逝。

小琴师含泪将师傅埋葬。从此以后，他每天在街头拉琴，琴艺越来越高，欣赏他的人越来越多。当他盛年之时，已不再是街头流浪的艺人，而成了一位王爷府中的上宾。他依然铭记师傅的话，刻苦练琴。终于有一天，他拉断了第一千根琴弦。

"恭喜夫君，此后可恢复双目！"他的妻子早已知道这件事，此时喜笑颜开。琴师却摇了摇头，对妻子说："你拿出琴中的秘方，看看是不是一张白纸。"妻子连忙拿出琴中的纸张，果然，纸上没有一个字。

"以前，我一直相信师傅的话，直到成年后，我才觉得师傅也许只是给我留下一个念想，让我不致绝望。今日一见，果然如此。"

"既然你早就知道，为何还要拉断一千根琴弦？"妻子问。

"因为光明早已在我的心中，我辛苦练琴，是为了不辜负师傅的美意。"琴师说。

一生辛苦，却有善心收养无家可归的孩子，临死之前还要为孩子留下光明的希望。故事中的这位老琴师就是得道之人，他为孩子点了一盏灯，从此漫漫长夜，孩子的心有了凭依，有了信念，即使尝尽辛酸也不会绝望，最终做出了自己的一番事业。

永远不要把自己的不幸归于命运，要相信世界上有人关心着你。你更应该重视自己，所谓"天意"，就是要把握住生命的每一个转折、每一份经历，就是不要放弃每一个机会。心有不平，世人就都是不幸之人；心中喜乐，就是幸运之人。

有时候难免觉得自己正在阴霾之中行走，看不到明天也看不到希望，即使心中还未有放弃的念头，前路看去似乎只有坎坷与艰辛。这个时候不必想到认命，更不能自暴自弃，要相信福祸相生，走过低谷就会有高潮，何况，我们心中还有不能放弃的理想。

人生路上多风雨，一盏心灯能够温暖我们。真正的"道"，就是万事万物遵循自己规律的同时，始终向往着一份光明，所以草木枯萎后仍会繁茂，飞鸟休息后就要高飞，人在盲目急迫之后，懂得回归平静，以更从容的方式享受自己的生命。

第四辑

厚德的人重谦和，故不躁

人无德不立，道德是每个人应当具备的基本生存意识，每个人都应该注重道德的培养，常常自省，时时修身。道德如树的根基，根基越深，人越安稳茁壮。

大格局者谦和，懂得唯宽可以容人，唯厚可以载物，不因妄念生躁动，不以尊卑定亲疏，温和地对待每一个人、每一件事，如春风化雨，润物无声。

厚德者慎独，时时修身

古时候，先贤墨子曾给弟子们讲过生动一课，他将弟子们带进一家染坊，工匠们正在将织好的布放进不同颜色的染缸，浸泡不同时间后，取出晾晒，这样就成了五颜六色的花布。

墨子对弟子们说："你们看这些丝织品，本来是雪白的颜色，放到青色的染缸，就变为青布；放到黄色的染缸，就变成黄布。染缸里的颜色不同，布的颜色就不同，如果一块布进入不同的染缸，就会沾上其他颜色，所以，染布的时候要加倍小心，才能保证布的纯色。"

"一个人的品性就像一块洁白的布，想要染出什么颜色，要靠我们自己把握。"墨子说。

我们生活在一个古老又有底蕴的国度，先贤为我们留下了很多智慧，值得我们研读效法。就如故事中的墨子，从几个染缸几块布料就能看到人性的本质和变迁。每个人出生的时候都如一块洁白的布，在成长的过程中，受父母师长教诲，受他人熏陶，渐渐有了自己的颜色。小的时候，我们还没有形成自己的思想，很难把握布的颜色。当我们渐渐懂事，开始以更高的要求看待自己时，首先审视的是自己的品德。

人无德不立，品德是人格的底座，有什么样的品德，决定你成为一个什么样的人。同样是学者，有道德的人会为人类造福，而道德感欠缺的人却会为社会带来危害。就如同样搞医药学研究，有些人研制药品，有些人却研制毒品。一个人万万不可轻视对道德的要求，因为人的欲念本来就多，不加以控制，很容易旁溢斜出，失去本心。

在智者看来，一颗禅心应是纤尘不染，不论世事如何变幻，心灵始终明净。这就更需要我们有极高的道德水平。在古代有一种提高自己道德的方法叫作"慎独"，就是说在无人看到的地方也要检讨自己的缺点，真正做到从里到外严格规范品行。这种方法历来被人称道，如果每个人都能做到"慎独"，谨慎地对待自己的一切行为，自然可以使心灵合乎道德，不被世俗污染，就如莲花那样虽在淤泥之中却一身清净。

一群弟子询问一位禅师如何消除杂念，禅师反问："院子里有野草，怎样才能铲除？"

"应该用铲子铲掉。"一位弟子说。

"一把火就能将它们都烧掉。"另外一位弟子说。

"斩草不除根，春风吹又生，应该连草带根一起都拔出来。"还有一位弟子说。

"明天我们把院子里的地分为四块，你们按照你们的方法除草，我按照我的方法除草，半年以后，我们看谁的方法更好。"禅师说。

半年很快过去了，师徒聚在院子里，发现徒弟的三块地依然杂草丛生，只有禅师那块地长满了金灿灿的稻谷，原来禅师并没有想办法除去杂草，而是种上了粮食。

"人的欲念就像杂草，不论什么方法都无法根除，所以，对抗欲念的最好办法，就是培养自己的美德。"禅师对弟子们说。

想除掉土地上的野草，最好的办法就是在上面种满庄稼；想除去心灵里的杂念，最好的方法就是培养自己的美德。如果每个人都能以"慎独"来要求自己，就能够做到对人对事表里如一，对事对人有原则又不失情义；有杂念的时候，他们自己知道如何控制，更不会为了外界的诱惑变得躁进使性，忘了自己本来的身份。

人们常常感叹人性莫测，也感叹自己在变化，世事无常，变得越来越不像自己。人为什么会改变本性？因为心躁。生活中有太多不如意让我们急于改变，所以躁；人际中有太多不满却无处发泄，所以躁；事业上有太多目标想要达成却不知要多少时间，所以躁；眼睛里看到太多诱惑想要一一尝试，所以躁……心躁，唯有道德能够加以约束和抚慰。

一个重视美德、培养美德的人在任何时候都不躁，他们知道人性最重要的是平，是静，是经得起考验的坦荡，这才是他们的追求，所以世俗不能让他们浮躁。他们的脚步总是稳的，心态也是端正的，他们谦和处世，磨炼自己的品德耐力，就像古诗所说："洛阳亲友如相问，一片冰心在玉壶。"重视品德修养的人，晶莹剔透，如冰如玉。

独处时自省，见贤时思齐

孟子小时候和母亲一起生活，母亲希望儿子长大后成为一个有道德的人，所以很注重孟子成长的环境。一开始，他们住的房子在墓地附近，孟子经常学着别人痛哭流涕，母亲说："这不是能够教育孩子的地方。"于是，孟子的母亲决定搬家。

母子二人搬到集市旁，孟子看到那些商人平日买卖吆喝，也跟着学了起来。母亲说："这也不是能够教育孩子的地方。"于是又搬了一次家。

这一回，孟子的邻居是一位屠户，孟子年幼好奇，经常看屠户杀猪。孟子的母亲又一次带着孟子搬家。最后，他们住在学宫附近，孟子经常看到文雅的官员们经过，也跟着学习那些进退礼仪。孟子的母亲说："只有处在这个地方，孩子才能学到好东西。"从此住了下来。

"孟母三迁"是很有名的历史故事。人的道德修养不是一朝一夕的事，有好的父母监督、好的老师教诲固然重要，但"耳濡目染"四个字也不可小觑。长久地与那些道德高尚的人在一起，看着他们做事，自己自然也会做那些符合道德的事；相反，和奸邪之徒在一起，则会变得恶毒而不自知。特别是那些没有判断力的小孩子，更要让他们与善人、君子为伴，才能保证他们本性的淳朴，这就是孟母为什么要三迁的原因。

一个重视道德的人，在独处的时候会反省自我，检讨自己的错误。圣人说："吾日三省吾身——为人谋而不忠乎？与朋友交而不信乎？传不习乎？"就是说一个重视道德修养的人每天都要观察自己对工作是否尽职，对朋友是否诚信，是否温习了学到的知识。现代社会节奏快，我们也许无法做到"三省吾身"，但如果能常常以这些标准检讨自己，及时改正，就是难得的对心灵的呵护，也能够保证我们守住自己的道德底线。

独处时候有限，多数时间我们要与他人接触，这也是我们修身修心的大好机会。在别人身上，我们固然看到一些缺点与不足，但同样能看到他们的优点以及人格上的高尚，他们就是我们的活教材。看到别人的好处，立刻学习效仿，这就是古人说的"见贤思齐"。

一位老板正在机场等候班机，因为风雪的关系，班机一再延误，乘客们在候机大厅里喝着早已冰凉的咖啡，心情越来越烦躁。老板的火气也越来越大，训斥起随行的秘书。

突然听到"啪"一声，一位女士手中的咖啡纸杯掉在地上，这是一位穿着华贵、戴着墨镜的中年女士，从外形上看，很像某个女明星。人们不由盯着她那件崭新而鲜艳的衣服，还好，咖啡没有洒在上面。可那位女士却很尴尬，她向周围的人道歉，在手提包里翻着什么，好不容易才找到一张纸巾。只见她蹲下身，认真地擦拭着地板上的咖啡渍。

本来在高声呵斥秘书的老板，突然放低了声音，他意识到，一个有身份的人在任何时候都要注意自己的形象，这位女士就是自己的榜样。

"见贤思齐"是指人们看到那些德才兼备的人，就会打心底里希望自己和他们一样。特别是当自己有错误时，看到那些处世更好、行为更佳的人，就像照了一面镜子，立刻意识到自己的不足。就像故事中的老板看到那位端庄的女士，立刻收敛了自己的脾气。

照镜子是我们每天都要做的事，我们需要镜子来提醒自己是否仪容不整，是否有碍观瞻。在品德上，我们也需要常常照照镜子，这个镜子不能是我们自己，因为自己对自己的认识难免有偏差与误区，只有与那些真正有美德的人做个对比，我们才会确切地知道自己的不足。而且这种方法也最立竿见影，不需要你长时间地思考，只要看到好的，立刻效仿，今后一直照着做，简单有效。品德上的修养永远不嫌多，见贤思齐在任何时候都不会出错。

想做到见贤思齐，就要有基本的道德判断力，判断出了错，见"不贤"也去效仿，那就成了悲剧。要善于判断一个人的人品高下，也要善于选择自己的朋友，亲贤者，远小人。和那些高尚的人接触，为人就会日渐厚重，心灵自然会变得越来越高尚。这个时候，你也就成为了一个思齐的人想要接近的贤者，你的一举一动，也成了他人的镜子，他人的榜样。

尊重无尊卑之分

古时候，一个欧洲小国的国王外出打猎，一队人马越走越远。天黑了，他们赶不回王宫，决定找个旅馆过夜。可是在荒山野岭，哪里去找落脚的旅馆？这时，国王看到远处有一户简陋的农家，就对大臣们说："我们就在那间屋子过夜吧！"

负责礼仪的大臣说："陛下，如果有人知道尊贵的国王住在这么简陋的屋子里，会降低您的威望，请您三思。"国王说："一个国王去农户家居住并不会降低自己的尊严，只会提高那个农夫的威望。"说着带着大臣们去农家投宿。

农民和妻子听到国王要来住宿，都很紧张。没想到国王是个谦和的人，不但不挑剔粗陋的饮食和被褥，还很温和地对一家人嘘寒问暖。第二天走时，还送了很多礼物作为答谢。这件事传了出去，人们都赞叹国王是一位礼贤下士的君主。

一个内心有禅性的人，必然知道众生平等。不论对方是国王还是农夫，本质上没有什么区别。一个国王倘若知道农夫的不易，他就会变得谦和并让人敬仰；一个农夫如果以不卑不亢的态度对待国王，他自然也会为人叹服。世界上任何两个人都可能成为朋友，关键在于你愿不愿意从心里尊重对方，试着理解对方，懂得欣赏对方的长处，愿意体谅对方的难处。

"众生平等"有时听起来有点高高在上，我们不是高僧，只以普通人的眼光和身份来看，这句话的意思就是尊重他人。尊重是交往的基础，每个人都有自己的尊严和人格，谁也不愿意被人小看，如果你做不到，你就不可能得到他人的尊重。有德的君子为人处世最谦和，他们懂得尊重他人，因此也就成了他人钦慕并愿意结交的对象。

他人和你没有什么不同，你们也许有不同的性格、爱好、地位、成就，但却同样遵循生老病死的自然原则，重复盈满则亏的人生法则。他人手里拥有你没有的东西，你手里的东西也让他人羡慕，没有谁是最优秀的，每个人都有他的长处和短处。所以不必盲目地崇拜别人，也许你崇拜的只是一个表象；更不能粗鲁地轻视别人，你所轻视的人也许远胜于你，只是他谦和有为，不屑于和你计较，若你不知底里，别人只会嘲笑你的短视。

在一家大公司，销售部的马经理最有威望，深得上司器重、下属佩服。这让同等级的其他经理们很不忿。有位狄经理就常常在老总面前打小报告，老总听得不耐烦，对狄经理说："马经理做得好自然有他的道理，你为什么不能学习一下他的优点？"

"我觉得我们资历相当，我去年的业绩甚至比他还高。"狄经理和老总有亲属关系，说话不必藏着掖着，坦率地抒发着心中的不满。

"业绩高只是一个方面，经理更需要团结员工、鼓舞士气，这对一个公司才是最重要的。就拿与下属的关系来说吧，你让下属去办事，总是一副上司对下属的命令口气；马经理呢，总是客客气气，经常说'有件事想拜托你'这类的话。员工做错了事，你不问青红皂白就是一顿骂；马经理呢，像长辈一样帮人家分析错误，制订下次的计划——你如果是一个员工，更愿意跟着哪位经理？"狄经理被老总说得灰溜溜的，没回一句话。

平易近人是一个领导者身上很重要的素质，它不是必需的，但如果有了它，就能让人如虎添翼。一个人的形象靠的不仅仅是他的成绩，人们更看重他的行为。想要获得尊严，就要以自己的实际行动让人信服，在高位时懂得礼贤下士，就算是不起眼的人，也对对方礼让有加；在卑微时不看轻自己，不巴结奉承别人，这样的人怎么会不让人尊敬？

每个人都希望有和谐的人际关系，因为个性和爱好的差异，我们也许不能和所有人成为朋友，但我们应该试着和身边的人友好相处。人际交往虽然是一个双向活动，但你可以掌握主动权，你的态度能够为你们的关系定下基调：是平等的朋友，还是泾渭分明的陌生人？或者是彼此看不顺眼的对手甚至敌人？

一个谦和而真诚的人走到哪里都不会让人厌恶，认真地与他人相处，仔细观察他人的优点，每个人都有值得尊敬的地方，把这种尊敬当作你们交往的切入点，他人自然能够感受到你的诚意，也会为你的尊敬而开心不已。一个有道德的人永远不会看轻别人，他们牢记这样一个准则：想要获得他人的尊重，就必须先尊重他人。

谦虚为学

有头驴子读过一些书，认识不少字，很多动物称赞它有学问，它就以为自己是世界上最有学问的。它经常自以为是，对动物们指指点点，以炫耀自己的才学。

这一天，驴子遇到了一只夜莺，这只夜莺是森林里著名的歌手，她声音甜美，唱起歌来令听众陶醉不已。夜莺有礼貌地跟驴子打了招呼，驴子说："夜莺啊，我早就想和你说说话，你是这森林里最有名的歌手，但在我看来，你唱歌也不是十全十美。"

夜莺欢快地说："世界上没有十全十美的歌手，我也很想知道自己的缺点，如果你愿意就给我提提意见吧！"驴子一本正经地说："我认为你唱歌的确不错，可是，你的声音没有公鸡洪亮，你听过公鸡打鸣的声音吗？如果用那种声音来唱歌，那多么震撼人心！我觉得你应该考虑拜公鸡为师，学习一下打鸣的技巧。"

驴子的这番话说完，夜莺很客气地道谢，其它的动物都哈哈大笑。没多久，整个森林都知道了驴子的这番高论。但驴子仍然以万事通自居，走到哪里都要指指点点。

自以为是的人常常让人哭笑不得，他们总以为自己是万事通，凡事看到了就要掺和进去，发表自己的一番"高见"。不过，这种人就像故事中的那头驴子，对根本不了解的事说三道四，让人笑话。实际上，当他们侃侃而谈，说得头头是道的时候，大家都知道他们在不懂装懂。他们说的话，只能当作胡说八道，谁也不会重视。

人的学识就像一个容器，最好的应是那种庄严的大鼎，不但有容量，而且有重量，看到的人既了解他们的分量，又不能轻易猜测出他们的底细。而那些喜欢夸夸其谈的人，他们的学识就像玻璃杯，让人一眼就知道底里。更糟糕的是，因为他们太爱张扬炫耀，这个玻璃杯连底儿都没有，什么也托不住，只给人留下肤浅的印象。如果一个人不能妥善对待自己的才学，就会成为没有底的玻璃杯，让人遗憾。

自以为是的人会在不经意间得罪他人，对人际关系没有半分好处。因为他在炫耀学识的时候，必然会有真正的有识之士发觉，出于礼节，他们也许不会出言指正，但在心理却难免轻视这种浅薄之人。而且处处以自己的意见为重，难免和人发生冲突，以肤浅的学识去抗衡深厚的学识，并且还没有自觉，这样的人走到哪里都会被人笑话。

章华永远记得年少时，班主任为学生上的一节特别的课。那一天班主任宣布课外活动，带着学生们走到野外。那时正是麦子成熟的时节，老师对学生们说："这麦田一望无际，但麦子的质量却不一样，有些麦子割下来是实心的，有些里边却是空的，这种麦子就叫稗子，你们知道麦子和稗子有什么区别吗？"

学生们纷纷摇头，老师说："你们仔细观察，田里的麦子有何不同？"

"有的抬着头，有的低着头！"有学生说。

"没错，那些低着头的麦子就是实心的，因为它们有内容，也有修养，它们知道自己的一切都来自于大地，所以将头谦虚地朝向大地。而那些昂着头的就是稗子，它们没有内涵，却骄傲自大，所以将头朝向天空，唯恐别人看不到。你们今后一定要注意，不论有多大的本事，都要像麦子一样谦虚，否则，就会成为没有多大用处的稗子。"班主任说道。

孔子说："知之为知之，不知为不知，是知也。"想要得到真才实学，就要像麦子一样低下头，这样的人才厚重。那些对事情一知半解便开始扬扬得意的人，也许有人会被他们那故作高深的外表蒙蔽，但他们却会在真正的行家面前露出马脚。

对待知识我们需要一种谦虚的态度，知道就是知道，不知道就要虚心学习。不要以为别人不如自己，别人那里永远有你不了解的知识，你需要做的是把它们收为己用。还有，自欺欺人最不可取，因为世界上没有那么多傻瓜，更多的时候是别人不说，在心里拿你当傻瓜。

和人相处我们更要有谦和的心态，术业有专攻，没有人能样样全能。每个人都有特长，在自己不擅长的方面，切不可摆架子，要做到不懂就问，一知半解只会让自己更加无知。懂得了什么也不要急于表现，要做一个有学识并且有道德的人。品德若是与学识相辅相成，就像陈年美酒，越是沉得住，越是香醇浓郁，让人向往。

欲到达高处，必从低处开始

某大学教授在讲授选修课，几周之后，他发现听课的人越来越少。这一天，他提早结束课程内容，和学生们谈话，他问学生："为什么大学生这么爱逃课？"

"因为大家都觉得老师讲课没意思，还不如去自学。"学生们说。

教授听完说："现在的学生真让人无奈，当年我在北大，生怕错过老师的一堂课，每堂课都早早去占位置，唯恐漏下一句。难道他们不知道人外有人，天外有天？"

"恐怕就是如此。"有学生说。

"年轻人搞学问就好比种花，如果不把自己埋在土里，让人灌溉，如何能开出花朵呢？可惜可惜。"教授叹息。教授的这番话被学生传开了，不久之后，课堂里的学生越来越多。想来是他们听了教授的话，觉得有道理，纷纷回到课堂。

现代社会难免浮躁，每个人都希望自己能够尽快脱颖而出，多数人迫不及待地想表现自己，处处张扬，唯恐别人看不到自己。故事里的老教授希望总是逃课的学生能有谦虚的心态，把自己当作一颗需要浇灌的种子，而不是早早开放的浮躁花朵。

在浮躁的心态下能有什么样的好成绩？我们举个简单的例子，来算这样一笔账：古代人想要功成名就大都历经"十年寒窗"，如果两个书生，一个在十年之内不断读书，不断积累学识；另一个有些天资，在读书的同时不断走亲访友，拜谒名人。十年之后，谁的学识更深厚？答案很明显，前者也许金榜题名，后者也许成了王安石笔下的那个方仲永。

事情不能一概而论，也许后者又懂读书又懂与人交际，和前者一样得到功名。这时候，前者因为历年来养成的习惯，继续刻苦读书，并对工作勤勤恳恳；后者呢，多年来的习惯让他继续半吊子式地读书，更加勤奋地找关系。再一个十年，前者如何？后者如何？最后究竟谁会有真正的学识、真正的底蕴？答案不必说。

青年画师年少得志，成为皇帝的御用画师。他听说长安城外有座寺院，里面有个禅师画画很好，堪称国手，很多大画家都去向他请教，就去拜访那位禅师。

年轻人对禅师说："我一直想拜一位出色的画者为师，也见过不少画家，发现他们都很平庸，还不如我这个初出茅庐的年轻人。"禅师说："你远道而来，一定口渴，来喝杯茶吧。"

年轻人拿起茶杯刚要倒茶，禅师却说："错了，错了。你应该拿着茶杯，向茶壶里倒茶。"

"怎么能用茶杯向茶壶里倒茶，禅师你糊涂了吗？"年轻人说。

"原来你也懂得这个道理。那么，你始终把自己摆在比其他画师高的地方，总是认为自己比他们更厉害，这不就是茶杯以为自己能向茶壶里倒茶吗？"

年轻人听了，大为惭愧，从此虚心向人求教，画技果然突飞猛进。

眼高手低是年轻人的通病，凡事说得好，心气高，真要做起来却并不是那么优秀。这样的人不是没有才能，不是没有前途，只是他的才能并没有他想得那么多。如果再不知道虚心的重要，拒绝接受他人意见，他们的前途自然也不会像自己想得那么好。

就像故事中的禅师告诫年轻人要当一个茶壶下的茶杯，想要进步，最重要的是先把自己放低，你的眼光应该在最高处，但你的心态一定要在最低处，随时接受他人的教诲，随时补充对自己有益的各种知识。没有人肯对一个高高在上的人说教，你的态度谦虚，别人才愿意指教你，你越真诚，越能得到真知识。同时，也不要随随便便对他人说教，也许你的意见根本没有建设性，多听少说，谦虚的人都知道耳朵比嘴巴更重要。

西方一位哲学家说："想要到达最高处，必须从最低处开始。"有了一点成绩就飘飘然的人做不了大事。总以为自己的成绩多么了不起，就是限制了自己的目光，看不到别人的优秀。想要做大事必须学会"手低"，善于做小事，把每一件具体的小事做好，以此去实现自己的远大志向。正视自己，保持谦虚，这就是做大事者必备的心理素质。

多说良言，少讲恶语

一位老诗人正在一所大学为学生们演讲。老诗人年事已高，声音有些颤抖，他所讲的那个理论也还停留在几十年前，早已过时。出于对老人的尊重，听众们用心地听着，不时报以掌声，这时一个学生大声说："讲的东西早就过时了！这样的诗歌放到现代根本没人会去看，更记不住。这些东西也只有老古董会去读几行！"

现场的气氛冷了下来，老诗人的双唇颤抖，好不容易才把演讲稿读完。听众们都对那个学生投以冷冷的目光。演讲完毕，老诗人伤心地乘车离去，据说回家后一直很沮丧。那个学生听说这件事后，很后悔自己的失言，他想向老人道歉，又知道道歉于事无补。只能盼望这位老诗人早日想开。后来，老人通过别人知道了他的后悔，托人转告他说："不要在意这件事，我已经不去想它了，你也忘了它。今后说话要考虑别人的感受，不要无缘无故地伤害别人。因为你眼中的错误，可能是别人一辈子的坚持。"

良言一句三冬暖，恶语伤人六月寒。故事中年轻学生的一句话，让年老的诗人伤心不已。学生只是年少无知，太不会顾及别人的感受，老人最后虽然原谅了他，但内心的伤口其实并不能弥补。有时候一句不经意的话，就会毁掉他人的心情、他人的自信，甚至他人的生活，所以说话之前要多多考虑，不要口无遮拦，伤害他人的感情才好。

言者无心，听者有意，说话时要考虑别人的感受。一句话对你而言，也许不包含判断，不包含爱憎，仅仅是一句话而已；但在别人看来，那可能是一句让他心里觉得别扭的讽刺，也可能是恰好踩到他痛处的挖苦，有时候还可能成为他评价你的依据。人与人交流靠的是语言，不重视语言，话拿来便说，丝毫不考虑后果，实属不智。

言为心声，对他人口出恶言的人，心中少了对他人的善意。试想一个人如果真正为他人着想，会不会丝毫不考虑他人感受随便说话？也有一种人是刀子嘴豆腐心，嘴巴厉害心肠软，这样的人相处久了，了解的人也会与他好好相处。但终究不如那些会在言语上多加重视，从来不出口伤人的人来得亲近。和这样的人相处，得到的是一种精神上的安慰，他们永远会以温和的态度与你交流，即使提出批评，也会让你乐意接受。

作为森林之王，狮子是一个讲究领导艺术的统治者，它从不让自己的臣民难堪，即使提出批评，也会选择最容易让人接受的方法。

　　一天，山下的农民跑来告状，说山里的猴子偷走了田里的玉米。狮子表示它会处理这件事。它让人叫来猴子，对猴子说："去年一年，因为我的领导失误，森林里发生了很多事，我没有带着大家得到更多的粮食，导致你们一家吃不饱饭，只好去山下拿一些玉米给家里的老人填饱肚子……"

　　猴子没想到国王如此体贴，它感动地说："的确是我们不对，不应该去偷农夫的玉米。今年我们会更勤恳一点，不再让这种事发生。"最后，猴子满面笑容地出了王宫。一次"批评"，让动物们对国王更加心悦诚服。

　　批评人最需要技巧，否则就是不被人欢迎的指手画脚，还常常招来他人的抵触心理。故事中的狮子首先检讨自己，然后再说别人的不是，用自己的虚心换来他人的虚心，这就是会说话的人。会说话的人他们把交谈当作一种艺术，注重的是沟通的效果。

　　耐心与平等是友好沟通的基础，不论是夸奖别人还是批评别人，切记不要说"过"。想要夸奖一个人，用平和的语言、真诚的态度会让被夸奖人得到信心和鼓励，看到自己的价值和作用，这样的夸奖人人需要、人人喜欢。但如果总是夸奖，夸过了头，就成了让人警惕厌烦的奉承。想要批评一个人，如果能够推心置腹，处处为对方考虑，诚恳地与对方交换意见，自然能让人心悦诚服。如果高高在上，就会让被批评者产生逆反心理，甚至会把你的好心当作恶意。你开的是良药，人家没准当作炮弹，记恨于你。

　　一个有德行的人要留心自己的言语，不要说不该说的话。不该说的话有三种：流言、闲言、他人的缺点。流言就像空气中的鸡毛，你说了就再也收不回来，你也成了传播是非的人，会遭人鄙视；闲言是无聊人士茶余饭后的谈资，你也许不能不听，但不要跟着参与，因为你并不了解事情，没有发言的权利；他人的过错如果在他面前说，那是批评；在人的背后说，就不是君子所为，必须避免。任何时候都要让自己的语言符合自己的品德，语言是为了交流产生，一定要把它当成维护人与人关系的工具，而不是伤害他人感情的利刃。

第五辑
明理的人放得下，故不痴

常言道："酒足狂智士，色足杀壮士，名利足绊高士。"世人放不下酒色财气，所以成痴，唯有放下才是灵魂的出路。所谓"放下"不是放弃责任，而是完成责任，同时解脱心智。

大格局者明理，万事万物都遵循着一定的法则，不会错误地执着于一事一物，也不会过度苛求他人。他们放下的是痴念，得到的是无负荷的心灵，海阔天空的人生。

明理者心宽

什么是明理？在古代，"道理"并不是一个词，而是两个。"道"，是我们前面说过的事物遵循的深层法则；"理"，则是那些表面现象。到了现代，"理"的意思越来越宽泛。"明理"，既是知晓事理，也是通情达理。胸有大格局者既知"道"也明"理"，他看事物不只看表象，还会推出前因后果，一旦看得明白，就不会有那么多担心——路在脚下，有时间担心，不如赶快赶路，寻找机遇才是正题。

有什么事值得人们愁眉不展、郁郁寡欢？不过贪嗔怨怒，贪念让人迷失心智，不懂知足；嗔怒让人肝火上升，伤神伤身；怨恨让人心生恶意，害人害己……人生的烦恼不过这些，一切都来自于自己的执念。执念一产生，便如种子植在心中，随着年岁枝繁叶茂，难以根除，甚至会被某些人视为生命意义之所在，忘记生命中还有其他重要的事。

古时候，有个官员担任要职，每天衙门里的大事小事如乱麻一样，让他心烦意乱。不但公事操劳，家里一个正妻、一个小妾、五个儿女常常争吵，也让他心力交瘁。这一天，他独自骑马到城外散心。看到绿草丛边有个牧童正在吹笛子。官员坐下来与那个牧童交谈，他对牧童说："我真羡慕你，你只要放放羊，吹吹笛子，就能很快乐。"

牧童问："谁不是这样呢？难道你不是？"

官员说："我不是，我就算来到草地上，吹着笛子，心里也想着烦心事，不能解脱。"

牧童说："那么，难道这些烦心事是绳子，能绑住你的手脚吗？"

官员说："它们当然不是绳子，不能绑住我。"

牧童说："既然它们不能绑住你，你为什么不能解脱？"

官员静默不语，继而大悟。

世间烦恼并不是绳索，人们却心甘情愿地被它捆住，不知是烦恼缠人，还是人抓着烦恼不放。烦恼也常常有美丽的外衣，比如娇美的容貌，比如殷富的地位，比如人尽皆知的名声。人们得到它，也要收下它负面的部分，越到后来，越是看清负面的部分，以致自己心烦意乱。倘若人们能够明白事理，客观地看待世间一切，至少不会为了事物的负面因素烦心。

明理的人心宽，对人对事看得开。在享受的时候，他们并不是不知道福祸相倚，今日的舒坦也许意味着明日的苦难，但他们不会为了明日的烦忧干扰今日的快乐。不论祸福，他们担得起，不论悲喜，他们放得下。在他们看来，"痴"固然重要，该洒脱的时候也要洒脱，该放下的时候就要放下。

欲望越多，负担越大

中国上古时期有个贤人叫许由，许由是个通达之人，平日不喜俗物，也没什么烦恼。有一次他在河边用双手捧起水来洗脸，有人看到后，好心送给他一个水瓢。许由用了后将水瓢挂在树枝上。风吹过来，许由认为瓢发出的声音让人厌烦，就将瓢还给送瓢的人，继续用双手捧水洗脸。

传说上古明君尧倾慕他的才能，愿意将天下交给许由治理。可是许由认为尧治理天下很合适，自己不想要这个负担，就拒绝了尧。可见，在圣人眼里，多一物就多一心。

许由是上古有名的贤人，他连天下都不要的风采一直令后人追慕不已。许由是不是没有追求的人呢？不是。只能说他不追求世俗之物，他所追求的一直是心中的清净，这也是心灵的最高追求。像这样只追求自己想要的东西，别的都放在一边不予理会的人，自然烦恼少。

在现代社会，即使是修禅者，也不能说自己完全切断万物，没有任何追求。人要生存，就要追求合适的谋生手段；人要感情，就要追求合适的心灵伴侣。追求并不等于杂念，也并不与禅的要义相违背。只是人们渐渐发现，拥有的东西越多，负担就越多；想要的东西越多，就越成为心灵的负累。就像一个人背着背包，如果放进太多东西，就成了负重行走，脚步越来越慢，心境越来越不明朗，开心也离自己越来越远。

可是，人们很难放开已经到手的东西，这就是前面说过的"痴"；"痴"如果更进一步，就成了贪，它们的表现都是对某种事物的过度偏执。人生在世，每个人难免会有偏执的念头，已有的东西牢牢握在手里不肯放开。舍不得早已成为负累的旧物，就不能抓起生活必需的新物，也得不到两手轻松的宁静。一切烦恼都来自不如意，一切不如意皆来自偏执，可见人们什么时候懂得放下，什么时候才能远离烦恼。

古代有个大官，住在一所大宅子里，却经常觉得心烦意乱，很想寻个清静。但他发现天地之大，清静之地难寻，只好请一位高僧为他指点迷津。

高僧听完官员的烦恼，对官员说："大千世界，让人心烦的事很多。比如您身边这几位侍妾，每个人都佩戴着珠玉钗环，发出响声，人一多，您自然觉得心慌意乱。不如让她们摘掉这些珠玉首饰。"官员依言而行，果然觉得耳边清静了不少。

高僧继续说："人生在世，人人求富贵，即使身上摘掉了珠玉，心里想的仍是珠玉。只有将心里的杂念扔掉，才能如这房间一样安静。"

官员终于明白了自己心烦气躁的原因。从此，他勤勉于公务，却不再醉心于功名，果然神清气爽，人们也越发敬重他。

世人常说想要觅一方清净天地，可以暂时远离俗世烦扰，可是桃花源至今还没发现，周围处处有烟火气，这"清净"总是无处可找。就像故事中的官员，眼看着簪环玉佩，功名利禄，哪里还有清净？可见拥有的东西太多，就会让人心烦气躁。

能够拥有是一件好事，或者证明了你的能力，或者证明了你的运气。但拥有太多却是一种负累，何况我们拥有的并不是属于自己的东西，我们只是暂时的保管者，不如顺其自然，让它们也能发挥最大的作用。能够放下，于人于己都是一种轻松。

少一份拥有便少一份执念，这不是要求人们做到一无所有，而是告诉人们要选择最重要的放在手里，而不是一堆零碎的边角。明理的人看得明白，人生所追求的不过那么几样东西，其余的都是附加，什么时候看透这一点，什么时候懂得专心致志。多一点也许不是坏事，但少一点却意味着轻松和更多的可能。人生道路漫长，要常常给自己减负，才能轻装上阵。

人当执着，而不生执念

人需要有一些执着精神，否则凡事浅尝辄止。看到有兴趣的东西就去尝试，遇到一点小困难就放弃，这就是不够执着的表现。而执着的人知道毅力的重要，他们一旦有了兴趣，就要弄懂弄透，不会害怕困难，更不会半途而废。他们大多是成功者。

执着与过分执着有什么区别？拿登山为例，有些人不过到了半山腰就下去，这是半途而废者；那些真正攀登到山顶，享受了会当凌绝顶的快感，留下了美好回忆，然后下山去攀登另一座高峰或者去做其他有价值的事的人，就是执着者；那些好不容易攀到顶峰，从此留恋不已再也不肯下山，或者到了半山腰，明明前方再也无路可走，宁可在山腰上抱怨也不肯下山的人，就是过分执着。

一个年轻人读过很多书，写过一些被人称赞的诗歌，自以为是个天才。他想要得到更高的地位，受到更多人的关注，他对自己的现状越来越不满，于是陷入了痛苦之中。

年轻人的父亲见儿子愁思不展，就对儿子说："你这么不开心，不如放下工作，和我一起去海边走走吧，也许海边的风景能令你恢复活力。"

儿子和父亲去海边度假，每天早晨，他们看到渔船出海归来，将渔网里的鱼和贝在阳光下晾晒，儿子问渔夫："你们出去一次，能打回多少东西？"渔夫说："我们不计较能打回多少东西，只要不是空手而回，就没有白去一次。"

年轻人突然领悟了什么似的，对父亲说："我觉得我没必要为现状哀叹，如果看不到自己的成绩，我会越来越失落。事实上我已经得到了不少东西，难道不是吗？"

"是的，我很高兴你想开了。"父亲说，"执着固然重要，但比执着更重要的是快乐。"

很多时候，执着代表着对自己的高标准严要求，并不是一件坏事。但凡事都有度，一旦要求过了头，就会变成巨大的压力，工作不再是工作，变成了压迫；成绩不再是成绩，变成了休息站，预示前边还有更多事要做；目标也不再是目标，变成了自我强迫的源头。

故事中的青年很幸运，他有一个明理的父亲，在他即将被压垮的时候，带他去大自然中放松身心，体味人生百态。人往往不能自己明白、自己醒悟，但如果长久地执迷不悟，只会被执念羁绊。执着本来是件好事，一旦做过了头，就成了错误。

执着到了深处就变成了一种贪念，执着往往是因为得不到，或者得到的不够多、不够好。这个时候继续追求，实际上已经超过了自己的能力和承受力，追求那些本不属于自己的。人生最大的悲剧就是追求错误的东西，这等于放弃了原本属于自己的幸福，硬要走一条充满坎坷没有光明的路。一个明理的人应该懂得放下执念，与其被执念所累，不如活得洒脱。

放弃也是好的选择

发明大王爱迪生成名后，投入大笔资金在美国创建了一个实验室，实验室里配备了当时最先进的设备，请来了最优秀的助手。在那里，爱迪生把他的天才想法反复试验，产生了不少优秀的发明。实验室里最多的，是那些有了初步成果，却尚未完成的半成品。

1914 年的一个晚上，实验室发生了一场大火，当消防员赶来的时候，所有实验器材和试验资料已化为灰烬，看到长年的心血毁于一旦，助手们心痛不已。也有人害怕爱迪生会想不开，他们都想安慰他。没想到爱迪生却说："大家不要难过，这一场大火烧光了我们的实验成果，也烧光了我们以往的错误和偏见。现在，让我们放弃过去，重新开始吧！"助手们的信心在一瞬间被他点燃。

有开始就有结束，有得到就有失去。爱迪生的实验室毁于一场大火，损失惨重。我们的人生中也多多少少有过类似的经历：长时间的心血毁于一旦，没有任何周转余地。这个时候我们只能选择放弃，但这放弃并不能让我们轻松。放弃应该从心理上开始，面对过去的执念，要明白唯有真正的放弃，才能得到新的机会。

放弃不是一件容易的事，如果放弃的仅仅是手中不重要的东西，也许心里不会难受，但"放弃"这个词一向与重要的事相连，而且这种"放弃"往往意味着不能再拥有。人有执念，自然也有相应的努力和行动，也许已经有了一些成绩，放弃就要将这些东西全部都抛掉，也难怪人们说："得到难，放弃更难。"

那么，人们舍不得的究竟是自己的执念，还是那些已经付出的青春、精力、金钱？恐怕后者的成分要多一些。多数人都希望自己的投入有所回报，不希望自己的努力成了竹篮打水。但也就是这种心理，让执念越来越深。明理的人不会沿着错误的方向一直走，他们会及时收手回头，因为知道继续纠缠下去，只会浪费更多，耽误更多。

清清是个美丽的女孩，在她的公司，很多男士想要追求她。但是今年已经27岁的清清对感情从不过问，拒绝了所有人的追求。

清清不谈恋爱有她的原因。在大学的时候，清清有个感情很好的男朋友，可是二人个性不合，经常产生矛盾。两个人几经磨合，依然不能适应对方，最后只能选择分手。清清对这段感情投入很多，对这个结果非常失望。从此她对感情能避则避，更不想走入婚姻的殿堂。

清清的好朋友们经常给她讲道理："一个不合适，难道第二个也不合适？不要因为一个人就对所有的人都失望。你不去尝试，怎么能遇到最好的？"但清清一直沉浸在过去的失望中，不肯迈出一步。身边的姐妹们一个接一个地都嫁人了。终于有一天，清清才发现，再不重新开始，自己就要成为"圣女"中的一员了。

懂得放弃是一种智慧。过去已经成了定局，就算有再多的执着，有些事也无法挽回，一味留恋只会徒增伤感。就像故事中的清清，为了一次失败的恋爱而否定自己，否定感情，这种否定情绪已经影响了她的生活，如果不能及时放开这种负面情绪，迎接她的将会是孤单的结局。如果有一天她突然醒悟，恐怕要后悔自己耽误了那么多美好的时光。

舍得放弃是一种能力，放弃代表一个人的决断。在最恰当的时候放手，即使有伤痛，也是最佳选择。放下一些旁人都羡慕，自己也舍不得的东西，何尝不是一种考验？要相信有舍必有得，贪恋只会拖延你前进的步伐。哪一次选择不是对旧选择的放弃？所以不要害怕放弃，放弃意味着新的选择与新的开始。

对人生的烦恼更要懂得放弃，有一位高僧曾对徒弟们说了一句饱含智慧的话，教导他们脱离苦海，这句话只有两个字——放下。放下执念，便能明理；放下烦恼，便有自在；放下欲望，便可超脱。多少智慧都在这两个字之中，需要人们细细体会，反复琢磨。唯有放下，心灵才能容纳更多的智慧。

超越限度，爱即伤害

一种感情一旦过度，就成了"痴"，过度的爱就是如此。想多为对方做一些事并不是错，但人们常常忘记自己并不是对方，自己需要的对方并不一定需要。更糟的是，有时你想到的东西非但不能帮助对方，还会给对方带来危害。

世界上最伟大的感情就是爱。爱，既包括父母子女之间无条件的呵护与扶持，也包括男女之间无缘由的吸引与迷恋，还包括朋友之间无偿的关怀与信任，更包括对他人对世界的真诚奉献。但是，父母过度溺爱会让孩子无法独立；情侣过度沉迷爱情会失去自我；朋友间过度关怀就成了束缚……爱应该有一个限度，一旦超过这个限度，爱就成了一种伤害。

感情的限度不好把握，却必须把握。掌握这个"度"其实并不难，只要能够站在他人的角度，认真为他人着想，即使给予什么，也不要过量，就能够既让对方察觉到你的心意，又保证对方的独立性。要记得你的关怀应该是对对方的辅助，而不是越俎代庖，什么事都为对方做，因为你帮得了他一时，帮不了他一世。

一对老夫妻住在一座海岛上，过着与世隔绝的生活。老人每天在近海捕鱼，妇人喂家禽，夫妻二人生活平静。一日，一群天鹅落在海岛上，老夫妻很喜欢这些漂亮的鸟，拿出谷物招待它们，天鹅们也很喜欢这对老夫妻。

日复一日，天鹅群分成两个阵营，一个阵营认为老夫妻心地善良，真心喜欢它们，它们应该留下来陪伴老夫妻。另一个阵营认为天鹅应该寻找最适合居住的地方，而不是这个只能依靠老夫妻的海岛。两个阵营经过激烈争吵，无法达成共识。最后，一批天鹅飞走了，另一批天鹅留了下来，和老夫妻一起快乐地生活着。

过了几年，飞走的天鹅早已找到了栖息的乐土，它们再一次来到海岛，想要感谢那对老夫妻，也看一看自己的同伴。没想到，岛上什么也没有，只有当年的老房子。原来，这几年，老夫妻先后去世，天鹅来不及飞走，在湖面封冻的时候全都饿死了。而及时离开的天鹅，靠着自身的本领，避免了这种命运。

依赖是一种深厚的感情，故事中的人与天鹅相互依赖，彼此善待，在外人看来这是和谐美满的一幕。有时候我们的爱是对他人的一种回报，但要记得回报应该量力而行，如果你不能保证自己的生存与强大，如何更好地回报对方？如果执着于这种依赖，很可能像故事中的天鹅那样失去生命，这也是一种必须放弃的"痴"。

爱是一种无私的情感，别人给予爱，并不是要把爱当作一种工具，甚至不求你回报。如果你想要报答，首先要想到的是自己的能力，自己能做些什么，而不是做那些自己力所不能及的事，这样不但不能报答对方，还会让对方有负罪感。生活中，我们要注意感情的平衡，不论是给予还是报答，都不要过度，过度不但会害别人，更会害了自己。

有个成语叫作"情深不寿"，感情太深就不易持久，就像火焰燃得太烈很快就会熄灭。这种感情并非不真不美，只是它过了度。不妨在爱的过程中也抱持一颗禅心，用一种平和而有节制的态度付出爱，接受爱，这也就成了佛家所说的"大爱"。懂得大爱的人，不会为一人一事过度执迷，他们的爱往往出现在人们最需要的时候，如春风化雨，恰如其分。

为心灵留有空间，与世界隔点距离

人总是希望心灵能够宁静祥和，又害怕一成不变的生活，渴望每天都能看到自己的进步。但是，欲速则不达，一旦把自己装得太满，就成了一个饱和的容器，不但装不了新东西，连旧的东西都无法正常流动，思维也就出现了钝化，难怪没有进步。

如果把人生比作香茶一壶，我们每个人都在滚水般的困境中历练，才散发出香气。人生的价值应该是外向的，所以我们应该学着奉献，就像茶水倾倒自己供人解渴。同时还要记得不要装得太满，这样才能填充新的东西，补充新的滋味。

比起肉体的衰老，精神上的停滞更加可怕。一旦思维困在某个角落，那么眼睛就不会注意其他东西，脑子全围绕着一个东西转动，最后成了钟表上的时针，机械呆板，再也没有新意，这就是"痴"的代价。如果能给心灵留点空间，在这个空间里，我们可以站得高一点，想得深一点，看得远一点。也在这个空间，你才能够察觉自己有远离尘嚣的一面。

张黎和徐青是一对好朋友。大学时，她们在不同的宿舍，学不同的专业，每周见几次面，每次见面都要给对方一些小礼物，还有说不完的话。她们觉得对方就像自己的亲姐妹一样，只盼望毕业后两个人能够住在一起，朝夕相处。

毕业后，张黎和徐青终于能够搬到一起，没想到，她们的相处并不是那么理想。两个人住得近，矛盾就多，难免挑剔对方，发生口角。终于有一天，两个人吵翻了，张黎嚷嚷着说要搬家。一位师姐听说这件事后说："以前你们两个好得像是要同穿一条裤子，怎么毕业没多久就吵翻了呢？有道是距离产生美，你们不用搬家，只要不住在同一间房里，保证没事。"

张黎和徐青没有搬家，只是住到了不同的房间。二人有了各自的空间，关系果然缓和了不少，依然是很好的朋友。

常言道："距离产生美。"这句话是与人相处的至理。两个人一旦太接近，缺点就会暴露无遗。不在一起的时候，想到的都是对方的好；朝夕相处之后，看到的都是对方的不好。不要小看人的挑剔，如果人一开始就能懂得宽容，又怎么会有那么多人提倡修禅养心？

与他人保持一定的距离并不是件坏事，一朵花远远看着是美丽的，不必非要凑到跟前，连它被虫子咬的黑乎乎的窟窿也看个一清二楚，既让你不愉快也让它难过。除非你已经达到了禅者的境界：不管它有什么优点缺点，你能够全盘接受，并依然能欣赏它的美。

人也应该与世界保持一点距离，才能给自己留下转身的空间。与世界保持距离，就是什么事都不要做过头。小说电影里总在重复人生的痴迷，但要记得只有清醒的人才能把握生命，我们都免不了一时痴迷，但到一定程度就要懂得收敛，才有机会获得真正属于自己的东西。

照相的人都有这种体会：镜头只有调到不远不近时，拍出的相片才是最美的。人的生活也是如此，通晓事理的人应该从容地调整自己的镜头，不必那么急迫，放下执念，让心灵始终有个宽阔的所在，在悠然自得中，自有最美的一瞬。

第六辑
重义的人交天下，故不孤

"义"是我国一个古来的概念，也是人们遵循了几千年的道德规范，重义者讲信用、讲原则、存善心，历来为人所称道，被奉为君子。

大格局者重大义，始终意念端正，注重诚信，不会损人利己、背离本心。只要心中常怀仁义，行善举、结善缘，自然会与贤者为友，以四海为家，永不会孤单。

重义者不孤，恭敬忠信

春秋时期，孔子曾经这样教导他的弟子：

"君子想要安身立命，只需记下四个字——恭、敬、忠、信。"

孔子又进一步解释这句话："恭，就是对人真心诚意，这样就不会被周围的人排斥；敬，就是要尊重别人的个性和习惯，这样才能被他人喜爱；忠，就是依从本心，有分寸、有原则地做事，这样才会有更多的人愿意与你共事；信，就是讲究诚信，让人信赖。这四点能够让人安身立命，避免灾祸，赢得尊重，做出一番事业。"

孔子这些教诲，就是人们常说的"大义"。

历练
心有大格局，自有大境界

　　"义"，是我国古代人们遵循的一种道德规范。"义"代表公正，凡事都要有客观的立场，平等地对待身边的人和事；"义"代表道义，是道德对人们行为的一种要求；"义"代表正义，要求人们拥有正直的人格，不畏外界的压力……孔子以恭、敬、忠、信作为对弟子的要求，就是教导弟子知晓大义，无愧为人。古代人看重义胜过自己的生命，所以有个成语叫"舍生取义"。

　　即使在今天，"义"仍然有广泛的意义。一个人想要有丰富的人生，就要有相应的物质基础，同时也要有相应的精神基础。"义"是一个人的精神内核，人无完人，每个人都有很多缺点，但懂得"义"的人很少偏离人生的大方向。懂得真诚，就能有良好的心态；懂得尊敬，就不会无视他人；懂得忠诚，就不会勉强自己，也不会背弃他人；懂得信用，就能有好的形象。

　　修禅者也要懂"义"，因为禅心的基础不是自私，也不是避世，而是为了和世界共处，和他人友好，并以善心对待他人。这就是一种高层次的"义"。相反，现代人如果偏离了修禅的本意，只顾着远离烦恼，置自己的责任于不顾，他们修得的不是禅，而是一己清净与冷漠。由此可见，"义"，是为了保证禅心的清明与端正。

　　有两个擅长钓鱼的人喜欢在湖边钓鱼。那个湖是一个钓鱼俱乐部常去的地方。这两个人钓鱼技术高，连俱乐部的人都常来与他们切磋。

　　不过，这两个人的性格却不太一样，一个瘦瘦高高，对人爱答不理，别人问十句，他最多答一句。另一个人心宽体胖，爱交朋友，不论别人问他什么，他都热心地教导。他说："钓鱼就是个爱好，大家玩得开心最重要，自己会什么东西也不必藏着，一起交流，互相进步。"

　　不久之后，胖子身边总是围满了人，大家都会跟他亲亲热热地打招呼。瘦子呢，孤单一人在湖边，觉得很闷，渐渐不再喜欢钓鱼。

在日常生活中，我们不会经常听到"义"这个字，甚至以为它已经远离了我们的生活，但仔细观察，"义"仍然存在于大多数人心中。与人为善是一种"义"，无偿地帮助他人也是一种"义"。"义"不必说出来，更无须着意标榜，它会以最自然的方式作用于人际关系。重义的人身边自然会有很多朋友和仰慕者，他们看上去总是愉快的，反之，难免孤零零落单，遭人排斥。

"义"的高尚在于它的无偿性，这种没有目的的特性能使人与人的关系变得纯净温暖。人心有时就像一床棉被，你刚刚接触的时候，会发现它是冰冷的，如果你这个时候放弃它，那你和棉被就都是冷的。相反，如果你愿意用自己的体温温暖它，很快它也会生出热度，反过来帮你抵御寒冷。

需要注意的是，有些事不要挂在嘴边，特别是"义"这种概念，更应放在心中。不论奉献爱心的义行还是援助他人的义举，做比说要好。如果整天把这些概念对别人说，别人难免觉得你太过矫情，只要记得为人要重大义，处世要有义心。始终将他人放在心中，他人自然也会惦记着你的好，所以义者不会孤单。

人无信不立，事无信不成

古时候，有个国王接到一个犯人的请愿书。这个犯人犯了死罪，他惦记家乡的母亲，想要回家见母亲最后一面，希望国王宽宏大量，能够给他这个机会。他向国王发誓，行刑当天一定赶回来受死。这封请愿书最后由一位大臣转交。

"你为什么要把这封信转给我？"国王问大臣。

"我认为一个孝顺的年轻人的请求应该得到您的恩准。"大臣说。

"如果有一个人愿意代替他进牢房，我就放他回家看母亲。"国王说，"难道你愿意为这个孝顺的人进牢房吗？"

"如果没有其他的人愿意代替他，我愿意这样做。"大臣说，"我相信孝子会讲信用。"

"如果他没有按期赶回来，那走上断头台的人就会是你。"国王警告，大臣表示同意，其他大臣都认为这个大臣疯了。而那个被放回家乡的犯人一直没有消息。转眼，就到了行刑的那一天。大臣却没有表现出后悔的神色，无所畏惧地走上绞刑台。

这时，犯人从远处飞奔而来，对国王说："对不起陛下，我回来时，路上发生地震，我好不容易才能走到这里。幸好还来得及，请释放那位慷慨的大臣，现在我可以了无牵挂地走上绞刑台了！"国王听了感叹："你不但孝顺，还是个有信用的人，这样的人应该继续活着，我决定让你当我的秘书官。至于我那位慷慨的大臣，这样的气度，应该出任宰相一职！”

很多时候，人格不仅是内在的修养，还需要一个外在标度，在人的各种行为中，守信最被看重。就像故事中的犯人与大臣，大臣相信他人的信用，也要坚守自己的信用；犯人为了一句承诺同样历尽艰苦。国王对两个人的重用，反映的正是人们对有信用的人的评价：他们值得信任，值得托付，不论何时都值得尊重。

中国古代有个叫季布的人非常讲信用，当时有人夸奖他"得黄金千斤，不如得季布一诺"，这就是成语"一诺千金"的由来。如果人与人之间没有诚信做纽带，那么人际关系将只剩下欺骗与相互利用，再也没有感情可言。所以，人们非常注重自己的信誉度，一旦被贴上"不讲信誉"的标签，他人就再也无法对他信任。

"信"是"义"的重要部分，答应过的事一定要做到就是信用。人无信不立，事无信不成。信用没有大小，最小的事，如约好了时间却迟到，也是不守信用的表现。即使是这样的失信，也需要检讨和道歉。唯有如此，才能养成自己守信的品格。凡事在于点滴积累，注重日常小节，才能真正成为一个守信的人。

老贾是某工厂的车间主任，也是业务高手。厂长经常对人称赞："我们厂的老贾一点也不'假'，有了他，我从不担心厂里的事！"

去年，工厂遇到了麻烦，因为竞争对手的强劲打压，销售量出现下滑趋势，碰巧这个时候厂长生了重病。厂长对老贾说："老贾，我知道厂子现在效益不好，我把它暂时交给你，你帮我看着，等我病好了立刻回去。"老贾郑重答应了卧床的厂长。

厂里的效益连连下降，不少人跳槽，也有人劝老贾："别在这个厂子耽误时间了，这个厂子的产品早就没有市场了，偏偏没有生产新产品的机器，而且连资金都没有，这个厂子早晚会倒闭。你年纪这么大，应该趁还有精力，赶快跳槽。再过几年你也不值钱了。"

老贾不为所动，他说："既然我答应了厂长，就算倒闭，我也要撑着。"很多工人被老贾的举动感动。半年后，厂长身体康复，重新整顿了工厂，贷款买了新设备，终于使厂子起死回生。厂长说："这家厂子还能存在，最大的功臣不是我，是老贾，老贾不假！"

信用是无价的财富，信用就是"不假"。在生活中我们不难发现，不论是厂商、商店还是饭店，越是大型的企业，越重视自己的信誉，不论哪一个环节出了问题，他们一定会在第一时间采取补救措施，力图使影响变得最小。因为一个品牌得到信誉靠的是日积月累，但一个微小的疏忽换来顾客的质疑，这个品牌的生命力就岌岌可危。

做人也是如此，每个人都应该有自己的"品牌"，你可以张扬个性，但不能失去信用这个底座，否则就是无耻小人。信用代表真实，失信代表虚假。人与人的关系不只靠感情来决定，有时也靠信用来决定。就像上面故事中的老贾，他能够得到旁人的尊敬，就是因为他能够放弃一己之私，完成别人的托付。因为有信用，他的名字就是一道招牌。

诚信是一张通行证，不仅可以帮助你闯过事业的门槛，还能对你的人生大有助益。一个讲求诚信的人处处都让人信赖，因为别人放心他的人格，也就能够安心地与他共事、与他交往、对他倾诉肺腑之言，相交莫逆。

信用也与一个人的禅性有关，因为它能够让你通向别人的心灵深处，让你能够更加真实地认识他人、认识世界，自然也就看得通透。而有信用的人不会为他人的行为更改自己的内心，这就是定性。信用与定性相辅相成，故修禅者讲求信义，心正神明。

信任一个人，就是拯救一个人

什么是真正的"信"？这个字应该看两方面，不但要让他人信任，还要信任他人。人非圣贤孰能无过？每个人都有犯错甚至荒唐的时候，但一时的错误并不等于一辈子的错误。

相信他人的悔过，就等于给别人一个改正错误的机会。人人都会有错误，有些人不知道自己有错，这时候你提醒他，是一种信任；有些人知错不改，你指正他、相信他，仍然是信任。信任是对他人人格的最大尊重。如果你信任一个人，即使只是一句言语，也会给人以巨大的力量，让他相信自我，欣赏自我，进而超越自我。

森林里的狐狸经常有小偷小摸行为，不是偷鸡就是偷粮食。森林之王狮子将它训斥一顿，然后说："为什么你就不能洗心革面？难道你不想堂堂正正地生活？"

狐狸惭愧地低下了头，它在所有动物面前发誓，今后一定不再偷窃。

新生活的道路是艰难的，动物们早就把它当成惯犯，谁也不肯相信它。它去花园赏花，猫以为它要偷架子上的葡萄，大喊大叫；它去河边洗脸，鸭子以为它要偷鸭蛋，紧张地盯着它……狐狸在这些怀有敌意的目光下，渐渐开始绝望，决心再干自己的老本行。

它准备先偷一只鸡填饱肚子。刚刚打定主意，就看到一只小鸡在路边哭。狐狸走上去，小鸡说："狐狸先生！太好了，遇到了您。我迷路了，您愿意送我回家吗？"

看到小鸡信任的眼神，狐狸觉得很自豪，它立刻打消了吃掉小鸡的念头，将小鸡平平安安地送回家。

对那些思想不够坚定的人，行善还是作恶有时候是一瞬间的事，身边的风气好，总有人倡导为善，自然无从产生恶念。但如果本身就有前科，身边的人还不信任，很容易旧病复发，一错再错。有时候一个人的人格想要建立，需要旁人的帮忙，最好的帮助就是信任与认同，就像故事里的狐狸，感到小鸡真诚的信任，立刻就有了力量。

信任是清泉，能够洗涤他人心中的污垢。我们每个人都不完美，在灵魂深处，都有些不为人知的污浊念头。有些人喜欢贪小便宜，遇事就想占点便宜；有些人喜欢搬弄口舌，听到闲话就想推波助澜……但是，在一双信任的眼睛面前，他们却会收回自己已经伸出去的手，闭上自己已经张开的嘴巴。因为他们知道不能辜负别人的信任，一旦破坏了自己的形象，这种信任就会荡然无存，从此再也得不到他人的信任——他人的信任，无疑是对他的一种监督。

修禅的人能够坦然地相信他人，即使是骗过自己的人，他们也不吝惜自己的信任，愿意一次又一次给他人机会。他们相信每个人都有自己的不得已，才会欺骗，才会做坏事，只有他人的信任才能让他们重新审视自己的心灵，完善已经缺失的人格。重义者要有一颗宽容的心，要相信世界上更多的人和你一样，愿意给予信任。既然他人的信任曾经给过你笑对人生的自信，你也要用自己的信任给人以力量，给人以追求。

保持一种分享的心态

　　人生需要分享，没有人分享的人生，哪怕面对快乐，那也是一种惩罚。不会与别人分享，最终的结果是自己也享受不到。快乐分给大家就会成倍地增加；悲伤有人承担，伤心也会成倍地减少。相反，如果独自一人沉浸在伤感的情绪中，只会落得郁郁寡欢。不论是成功还是失败，有人分享，快乐就会加倍，失落就会减少。他人的陪伴能够让你宽心，让你坚强。

　　什么样的人总是拒绝分享？除了自闭症患者，一种是自私的人，一种是亏心的人。自私的人害怕别人分到他的好处，总是藏着掖着，生怕别人觊觎，事实上他们的成就别人并不放在眼里；而做了亏心事的人更无法与他人分享，他正被自己的良心指责，更害怕他人知道自己的秘密，从此失去个人形象。这两种人只能在自己的世界里，前者小心翼翼，后者鬼鬼祟祟。

　　一家公司的大老板即将迎来自己的第五十个生日，他是个事业有成的男人，但妻子早已跟他离婚，孩子在国外上学，公司的员工们象征性地送他礼物，他身边没有多少朋友，生日当天，他一个人坐在客厅里喝酒。

　　这一天本来是值得骄傲的一天，他牵线研发的新产品打入了国际市场，反响非常好。在公司，他踌躇满志，给所有参与研究和销售的员工发了奖金。但回到家，他却不知该向谁述说自己的喜悦。他坐在客厅反思自己，他是个暴躁的人，经常乱发脾气，身边的秘书换了不知道多少任。他知道不是别人有问题，是他自己个性太孤僻。究竟什么时候，能结束这种孤独的状况呢？他喝了一杯又一杯，却没有人告诉他答案。

值得骄傲的人生不一定是幸福的人生，也有可能充满失意和痛苦。当喜悦的时候端起酒杯，对面却无人愿意和自己干杯，这样的感觉不只是孤独，更是悲凉。故事中的老板到了 50 岁，身边却没有一个愿意与他分享人生的人，就算借酒浇愁，又能浇开多少苦闷？

时时刻刻保持一种分享的心态，就像你一个人在夜路上行走，抬起头看到满天灿烂星斗，你觉得很美，这时候如果你能告诉身边的人，才能真正觉得快乐。相反，如果身边没有人，你只能自言自语，再多的星星也不能让你快乐。学会分享，当你一路跋涉，忍受孤苦艰辛，知道前方有人等待着你时，你才会得到力量，明白旅途的意义。

用善意与他人相处

有个姑娘护校毕业，被分配到一家大医院。她成绩优异，很快就成了护士中的佼佼者，后来又成为护士长。她经常给新来的护士讲自己的经历：

"我实习的时候，是个不懂事的孩子，以为当护士只要做好本职工作，拥有优秀的技术就行。有一次，我护理一个病人，病人问我他究竟生了什么病，我认为病人有权利知道自己的病情，就告诉他是肝癌晚期。主治医生知道后严厉地批评了我，他说医生和病人的家属都知道病情，为了让病人有开朗的心情，他们都没有告诉他，希望他能在良好的感觉中走完生命中最后一段路。

"我将真相告诉了病人，病人整天忧愁，病情更重，很快就去世了。我将这件事告诉你们，是希望你们能有一颗为人着想的心，时时刻刻为病人的心情考虑，这样才不会做出让自己后悔的事。"

善意不是单纯的好心，机械的重"义"，若不能体会别人的心情，只按照自己的意思行事，就算是好心也会办错事。就像故事中的护士，她以为自己做得对，却造成了一个生命的过早离世。

想做个有善意的人，首先要对他人心存善念。据说成功大师卡耐基小时候常做坏事，他的继母却认为小孩子的教育在父母，坚持说他是个好孩子——这就是以最善良的目光看待他人，即使他人有缺点，也要看到闪光的一面、有潜质的一面。

有善良的眼光还不够，还要有善良的行为。不要按照自己的观念去想别人，而要看别人需要什么。设身处地考虑别人的心情，才称得上真正的善待；否则就像对一个聋哑人唱歌，你的本意是安慰他的伤痛，他却认为你在讽刺他，贬低他。

一位大官六十大寿，达官显贵们都来庆贺。有个与大官交好的商人也来庆贺祝，他送上贺礼，那贺礼是一幅名家牡丹图，珍贵的丝绢上，一朵朵牡丹栩栩如生，令人惊叹。

在古代，商人一向被人瞧不起，有个官员故意挑刺，指着牡丹图说："奇怪，这牡丹花画得是不错，怎么最上边那朵只有一半？这画不全，不就是'富贵不全'的意思吗？真不吉利。"商人一看，牡丹花果然缺了半朵，只好检讨自己不够认真。

主人听了以后哈哈大笑说："牡丹代表富贵，半朵代表'无边'，这幅画的寓意就是'富贵无边'，这真是一幅好画！"在主人善意的解说下，商人紧皱的眉头才渐渐松开，宾主尽欢。

每个人个性不同，有人心细如发，有人粗心大意。粗心的人做事往往考虑不周，有时会得罪你，有时会耽误你，这个时候如果急躁起来，伤害了他人的美意，也显得自己不够体谅别人。故事中的商人送了一幅残缺的牡丹图，旁人看着晦气，主人却知道商人的本意，一句"富贵无边"既保住了朋友的面子，也显示了自己的豁达。

及时察觉别人的善意，是人际交往重要的一部分。有时候善意不一定以你想要的方式到来，比如你做错事想要一句安慰，朋友却对你当头训斥一通。这个时候你应该知道朋友的本意是怕你下次继续犯错，千万不要计较善意的形式，最难得的是有人肯关心你，提醒你。

在现实生活中，与人为善即为义。如果我们都能以善意的眼光看待身边的人，生活中不知会减少多少纷争和误会；如果每个人都愿意善待身边的人，我们就会终日生活在温暖的关爱中。一个懂得修心的人不需要要求别人什么，他们明白最重要的是自己的行为，善心生善行，善行种善因，如果每个人都能如此，世界便会充满大爱，暖若三春。

重君子之交，忌臭味相投

古时候，管宁和华歆是一对好朋友，他们二人每日一起读书，关系十分亲密。

有一次，管宁和华歆在花园里锄地，刨出一块金子。管宁对金子视而不见，华歆却捡起来细细观看，露出贪婪的神色。他见管宁不说话，连忙将金子扔掉说："君子不爱财。"

又有一次，管宁和华歆一起坐在席子上读书，外面传来一阵喧哗，是一位大官的车队经过。华歆立刻扔下书本，跑到门外观看大官的排场，十分艳羡。他正想回头叫管宁一起来看，却看到管宁拿出一把刀，将他们坐的席子从中间一分为二。

"你这是在做什么？"华歆问。

"道不同不相为谋，我们追求的东西不一样，从今天起我不再是你的朋友。"管宁回答。

"管宁割席"是我国有名的历史故事，生动地说明了何谓"道不同不相为谋"。管宁选择朋友的标准很严格，他希望自己的朋友不仅仅是个书生，还是个不醉心于名利，不贪恋于富贵的君子。友谊的最高境界是一曲《高山流水》，如果是污浊的小溪，哪里会与巍峨的高山相交相惜？交友如此，对待生活中形形色色的人，也要有基本的原则。

人以群分，想做一个重义的贤者，就要结交那些心地磊落、行为端正的君子。跟这样的人在一起，耳濡目染，日子久了自然心领神会。

历练

心有大格局，自有大境界

看到的想到的都是高尚的，自己做起来就不会偏离正道。如果整日与汲汲营营的小人为伍，自己也会成为苍蝇群中的一只，藏污纳垢，渐渐失去本心，变得污浊不堪。更可怕的是，你未必能察觉到自己的改变。一个人若想远离堕落，就要远离那些行为不检点、品德不过关的人，否则百害而无一益。

一头驴子和一个金色的铃铛成了朋友，铃铛就系在驴子的脖子上，驴子走路的时候，铃铛就发出清脆的响声和它说话，它们每天都很快活。当驴子驮着沉重的货物返回村庄时，铃铛会故意发出很大的声音，让周围的人都看过来。人们发现驴子勤勤恳恳在劳动，都忍不住夸奖："这真是一头好驴子！"驴子很喜欢这个朋友。

一次，驴子看到菜园里的青菜冒出头，它吞吞口水，把头探进菜园，想要吃点鲜嫩的叶子，没想到铃铛突然大声叫了起来。菜园主人听到声音，拿着一条皮鞭冲了出来，将驴子打了好几下，驴子慌忙逃跑。

跑到安全的地方后，驴子埋怨铃铛："你真不够朋友！怎么能提醒别人来打我！"

"朋友相处要有原则，我这是为你好！"铃铛严肃地说，"好朋友固然要帮助你，在你犯错误的时候，更应该提醒你！"

有人说最难说的话就是真话，因为真话有时伤人，说出口就会得罪人。故事里的铃铛在驴子犯错误的时候大叫，让驴子恼怒，但真正关心你的人不怕得罪你，如果因为别人的一句实话就大动肝火，只能说明你的心胸太过狭窄，没有雅量更没有进步的需要。

人与人的关系有时厚如棉，有时薄如纸。很多人碍于情面，从不给你提意见，对你的缺点视而不见。这样的人也许会让你感到舒服，对你却没有什么好处。真正关心你的人敢于坚持原则，他们不会因为你的喜好而退步，更不会放过你的错误。只有和这样的人在一起，接受他们的监督和教诲，才能不断完善自我——比起得罪你，他们更怕你今后吃亏，这才是真正的关心。

历练
心有大格局，自有大境界

第七辑

重情的人淡名利，故不独

世间最珍贵的事物莫过于感情，与家人的天伦之情，与爱人的恋慕之情，与友人的相知之情，还有对他人对世界的热情，都是无可替代的存在，有了这些，人才不觉孤独。

大格局者看事透彻，更明白感情的可贵。世间很多事需要看淡，如名与利，得与失，是与非，唯有重情的心，能够慰藉我们的灵魂。

重情者不独，两心相安

在古代，盐是珍贵物品，很多人一生都没见过盐巴。寺庙里过着清苦生活的和尚更是如此，他们每天粗茶淡饭，小和尚们只有随师父出去做客时，才能吃到一些好东西。

一次，一位财主邀请寺里的僧人前去做客，师父带着小和尚到了财主家。小和尚第一次看到盐巴，他问财主："这是什么东西？为什么要把它加进饭菜里？"

"这是盐巴，把它加进饭菜里，饭菜就会变得美味。"财主说。他吩咐下人多给小和尚加饭，和师父聊了起来，他说："近日常觉心神恍惚，看了医生，医生却说我身体很好。"

"我想这是富贵太盛所致。"师父说。

"富贵太盛如何致病？"财主问。

"人生富贵正如饭菜里的盐巴，作为作料，会使饭菜更有滋味；但如果只吃盐巴，就会苦涩难忍。你虽然家财万贯，却没有合意的妻子、畅谈的朋友，怎么能不心闷呢？如果能放下对金钱的执念，留意家眷的心情，与三两老友时常相聚，又怎么会心神恍惚？"财主看到吃饭吃得香喷喷的小和尚，深以为然。

人情如饭，富贵如盐，人与人之间的维系靠的就是一份感情。以利益维系的人，利益在时聚在一起，利益不在时形同陌路，利益冲突时反目成仇。名与利都是身外物，不能与真情相比。没有真情只有名利的人生，就如一顿只吃盐巴的宴席，只有咸和苦——就像故事中备感孤独的富翁，他认为自己有能力享受人生，却不知该如何享受。

有时候人们会觉得空虚，明明自己有很好的生活、很高的地位，却觉得心灵空荡荡地悬在半空，没有着落。如果做出成绩没有亲近的人祝贺，遭遇挫折没有友善的朋友协助，人生就只有孤独和跋涉。而有了喜悦能够和人分享，有了痛苦有人愿意分担，就像海上的船能看得到港湾，这样的人生才能让人心安。

心安者不独。在汉语中，"独"字代表单一和孤立，人生漫漫，我们需要他人，这种"需要"并非功利性质，否则一切照顾都可以用金钱买到，何来感情？我们需要的是他人对自己真心的相待，特别是在生病时、伤心时、彷徨时，他人的关怀就尤为重要。金钱可以买到很多东西，但买不来真情真意，所以重情的人淡泊名利。

村里有位年近七十的老大爷，平日酷爱养花。有一次，老大爷的儿子给老大爷寻找到好品种的菊花种子，第二年秋天，老大爷的院子里开满了美丽的菊花，香味一直飘到村头。老大爷经常在花间漫步，有时喝上一杯酒，很有"采菊东篱下，悠然见南山"的感觉。

村里的人看了心生羡慕，都来向老大爷讨要菊花，想要移植到自己家中。老大爷很慷慨，只要有人来要，必然挖出开得最好的送给那人。没过多久，一花园的菊花送得干干净净。老人的院子里只剩下一堆土，但他仍然每天散步喝酒，飘飘若仙，村里人看了都称赞他。

老大爷的儿子回来看老大爷，只见院子里没有一朵花，他奇怪地问："怎么，我送你的菊花种子不能开花？"老大爷说："怎么不能开花，你难道没看到，村子里每家每户都有你送的菊花。"儿子仔细一看，果然，每家每户都开着清雅的菊花。

在淡泊名利的人心中感情就如花香，不必拘于自己的园子，将它放在更多的地方，就会让更多人享受到一份怡然。故事中的老人不计较个人的得失，他明白好花要由众人一同欣赏，一个园子的花香只是剪影，一个村子的花香才是风景。

很多事可以自己做，但如果和他人一起做，进度就格外的快，感觉也格外的好。享受彼此扶持的那份情谊，也享受了两心相安的依靠感，这样的人生才会格外踏实温暖，让人留恋。

重情的人不会被他人孤立。你看重什么，自然会着意维系，不会冷眼看着他人遭受厄运，也不会损人利己，只顾自己的名利。不必说富贵如浮云，这样说的人未必做得到；也不必感叹人情冷暖、世态炎凉，如人饮水，你的水温应该由自己加以调节。将那些身外之物看淡，体会和把握人世间的真情，如此心境才能安稳，生活才有真正的滋味。

名利富贵如南柯一梦

我们只是凡人，做不到无欲无求，我们需要满足自己的生存，需要更好的生活条件让自己和家人身心愉悦，需要更高的地位证明自己的能力。适度的欲望对人有激励作用，这些都是正常的，应该的。但要知道满足欲望不是人生的全部，一旦欲望过了度，就会造成内心极度的不满足。人们会希望自己能够获得更多，为此苦心孤诣，再也不去想其他事。

过度的欲望是一把悬在头上的利剑，有人明知它的危险，却为了自己的享受铤而走险；有人无视它的存在，红着眼只想抓住名与利，直到被这把剑刺得遍体鳞伤。生活的快乐早已远离了他们，名利的火焰时时灼烧他们，他们备受煎熬，却再也不能挣脱。

徐华是都市一位普通的白领。这一年生日，她收到一份昂贵的礼物：一个有名品牌的手提包。这手提包抵得上徐华大半年的薪水，她十分开心地将礼物捧回家。

没想到，烦恼接踵而来，有了这个手提包，徐华认为自己不能穿太旧或质地不好的衣服来搭配，她只好动用存款买了一批衣服。渐渐地，她看着自己使用的物品也觉得不顺眼，只好依次提高物品的档次。渐渐地，她开始羡慕奢华的生活，几乎把全部的工资都用来满足她的物质需求。她痛苦地发现，一个手提包，竟然完全改变了她的生活。

心怀贪欲的人永不满足，他们的贪欲一旦被某个小事物触及，就会一发不可收。虚荣心在膨胀，被得不到的空虚感折磨，尽一切可能满足自己的欲望，却发现欲望是个黑洞，越填越深，越想越痛苦。所以就像故事中所讲的那样，一个手提包就能毁掉快乐的心情，甚至原本安好的生活状态。人一旦虚荣，就会陷入物质的泥沼，无法脱身。

被欲望捆绑的人，就如同着了魔一般每天都想着得到更多的东西，但他们只得到表面上的热闹，而不是真正的生活。他们追求的仅仅是生活的那个壳子，总想着让它漂亮一点，更漂亮一点，却逐渐掏空了它的内质。终有一天，他们会发现这个漂亮的壳子如此空洞，如海市蜃楼般只适合远远看一眼，根本不能居住；他们才会发觉长久的努力换来的只有疲惫与麻木，人生至此了无生趣，却还要守着黄金屋子继续过活。

任何时候，不忘亲恩

血浓于水，亲情是世界上最无私的感情，养育之恩、培育之恩，这些都是我们不能忘记的。中国自古就讲究孝悌，不孝被视为一种大不敬，也是一个人道德上的污点。生活在现代社会，我们不必要求自己如同《二十四孝》的那些孝子们那样卧冰求鲤、彩衣娱亲，事实上那本书中有些孝子的做法，以今日的眼光看来稍显做作。

真正的孝顺在于一份心意，心意不在多少，只看你有没有想着。有一首歌里说："父母不图儿女为家作多大贡献，一辈子不容易就图个团团圆圆。"能够惦记父母，为父母着想，尽力报答生养之恩，常常看望父母，与父母通个电话，这就是尽了儿女的本分。

美国总统亚伯拉罕·林肯出生在一个小木屋里，他的父亲是一个贫苦的鞋匠。当林肯竞选总统的时候，他的出身引起了他人的嘲笑。有一次，林肯要进行一次演讲，一位议员公开说："林肯先生，在你演讲之前，希望你一定记住，你只是个鞋匠的儿子。"

林肯并没有露出羞愧的表情，他站起身，自豪地说："没错，非常感谢您在这个时候让我想起我的父亲。虽然他已经过世，但我要说，他是一个伟大的鞋匠，如果各位曾在我父亲那里修过鞋子，如果你们的鞋子出现任何问题，我都可以修好它。虽然我没有父亲那么好的技术，但我从小也跟他学了一些手艺。"

这一番话，听者无不感动，台下响起了经久不衰的掌声。

林肯被称为"小木屋里的总统"，他的父亲生活贫困，这种出身在当时经常被政敌嘲笑。但不论在任何场合，林肯都以自己的父亲为骄傲，他明白看轻父亲，就是看轻他自己，尊重父亲，也是尊重他自己，尊重普天下的父亲。一位伟人能够被人怀念，并不仅仅是因为他的功绩，还因为他有一颗平常人一样的心，让人觉得亲切。

人们尊重那些重视亲情的人，在常人看来，对父母好的人，就是知恩图报的人，他对别人也不可能太坏。所以，交朋友要交那种以父母为骄傲的，这样的人才懂得感情；谈恋爱要找那种孝顺父母的，这样的人才会重视家庭。一个重视亲情的人不会没有责任感，他明白自己做的事不单单为了个人，还为了支持他、爱护他的亲人。

亲人是我们最强大的后盾，不论你遇到多大的困境，亲人也不会离开你、背叛你。他们的力量也许并不强大，他们的信任却能够鼓舞你、安慰你。从小到大，从平凡到优秀，我们在亲人的呵护下一路走来，看过太多他们的汗水，任何时候，都要为自己的亲人感到由衷的骄傲。

历练 心有大格局，自有大境界

爱情，是付出和体谅

问世间情为何物，直教人生死相许。千百年来，人们讴歌纯洁的爱情，每个人都希望在茫茫人海，遇到一个相伴终身的爱侣。不过，每个人都有自己的脾气，在对待爱情的时候，自然也就有不同的方式。

人们常常感叹爱情不易长久，相爱简单相处难，有时候不经意的磕磕碰碰，就改变了它的性质，令某个人失去了最初的感觉，心灰意冷。激情会消散，留下的就是一种更为长远的关系。想要天长地久，就要动点脑筋，多多维持和经营这份感情，这就需要无私的奉献。

有科学家做过实验，发现两个人相处时，如果一方付出过多，一方付出过少，感情就会失衡，关系就不长久；只有双方都在付出，才能保证关系在平衡中得以维持。爱情是自私的，除了两个人之外容不下任何其他东西；它也是无私的，在得到的同时，每个人都要学会付出。付出不仅是指对对方的照顾，也包括对对方的体谅与宽容。

程伟是一个工程师，经常在全国各地负责施工监督。因为工作太忙他根本无法照顾家庭。朋友们都很担心他，有人劝他说："不如换一个轻松点的工作吧。不为自己想，也要为你太太着想，女人一个人待久了就会心生怨恨，以后她会经常抱怨你。"

程伟说："我太太是个明理的女人，她特别懂得体谅我。我们谈恋爱的时候，有一次我忙一个工程，半个月没有和她联系。我以为她一定会大发雷霆，甚至跟我分手。没想到她只是来了一封邮件，嘱咐我注意身体，如果有时间就给她回一封信，简单说一下近况就行。"

"真是一个懂得体谅人的女人。"朋友们听完不禁感叹这位太太的心胸和体贴。

两情若是久长时，又岂在朝朝暮暮。经常分居的爱人之间难免有所生疏，如果一方为事务烦恼，会造成对另一方的冷落，这时感情就会出现危机。不过，如果能有一份宽容的心态，设身处地为对方着想，相信对方并非不记挂自己，自然也就不会计较区区离别。

现代人总想追求浪漫，希望爱情关系中随时都有激情，但真正长久的爱情靠的并不是一时的激情，而是长久的付出与照顾。人们形容夫妻关系就像左手与右手，虽然平淡，却谁也离不开谁。在闹矛盾的时候，不妨想想对方的心情，与其用左手打右手，不如用左手抚摸右手，这种温柔才合乎爱情的本质。

想要维持爱情的新鲜，就要有适当的保鲜策略，体贴与谅解是爱情最好的保鲜剂。体谅对方是心灵上的付出，两个人如果都能尽量体谅对方，灵魂就能渐渐合二为一。缘分来之不易，爱情需要用心珍惜。茫茫人海，有一个贴心的爱人与自己相伴，任何时候都不会觉得孤独，那是怎样的一种幸运，又是怎样的一种幸福与满足。

与友人相交，求同存异

冬天到了，大地一片白茫茫。一只饿了几天的狼卧在一户人家的篱笆下，看门狗跑过来同情地说："老兄，你怎么这么凄惨？这是我从屋里拿出来的肉，你吃了它，休息一下吧。"

狼吃了肉，感激地说："多谢你，要不是你，我一定会饿死。今年冬天的雪可真大。"

狗看着狼瘦弱的样子，说："你要不要考虑替我的主人看家？这样你可以住在温暖的屋子里，每天都有肉吃。"狼摇摇头说："不了，狼和狗不一样，如果不能随便走动，每天要拴着链子，我会难受死的！"狗说："我们的确不一样，我更喜欢和主人在一起，互相依靠，互相照顾。不过我愿意和你交个朋友，如果你什么时候找不到东西吃，就来我这里，我会尽量招待你的，只是要注意别让我的主人看到……"

"没问题！"狼开心地说，"你是一个值得交往的朋友，我一定会经常来看你，如果有什么事也不会跟你客气！"

从此，狼经常来看狗，告诉狗很多大千世界的见闻，狗也经常在狼挨饿的时候提供食物，它们虽然志趣不同，依然是一对好朋友。

海内存知己，天涯若比邻。大千世界，每个人都需要朋友。你快乐的时候，他们陪你一起笑；你悲伤的时候，他们借出肩膀让你哭或者陪你一醉方休；你有困难的时候，他们及时伸出手拉你一把。朋友一生一起走，好的朋友是每个人一生最大的财富。

人生在世知己难求，有了好朋友，每个人都想珍惜。人与人个性不同，朋友之间也会有摩擦和冲突，也有不同的选择和道路，没有人能够自始至终与你保持一致。当你发现对方的不同，需要做的就是求同存异，而不是要求对方做出改变来迎合自己。

就像故事中的狗与狼，它们有各自的生活，但却保持对彼此的关心，分享各自世界里的喜怒哀乐。他们也许始终不能理解对方，但却是快乐的，这份不一样的陪伴让他们增长见闻，体会了另一种人生。最重要的是他们知道，有困难的时候对方一定会帮助自己，孤单的时候对方一定会来安慰自己——心灵上的陪伴，正是友情的真谛。而求同存异，是友情的基础。

英国是个讲究绅士风度的国家，在那里，每个人从小就受到尊重他人的教育。

一次，一位贵族邀请一位亚洲客人到家里做客。这位贵族家里很讲究，用餐前需要用柠檬水洗手。当清亮的柠檬水被端到客人面前，客人以为这是用来喝的，为了表达对主人的敬意，客人端起精美的小盆子一饮而尽。当时还有很多客人在场，看到这一幕，都很吃惊。

主人没有纠正客人的错误，为了照顾客人的面子，他也把面前的柠檬水端起来，喝得一滴不剩。其他客人看了，也喝掉了面前的柠檬水。大家都赞叹主人的素养，既避免了客人的尴尬，又让晚宴顺利进行。

对待朋友，我们需要求同存异，求同存异代表一种对对方人格习惯的尊重。这种尊重应该存在于一切行为中，与陌生人交往更是如此。故事中的英国贵族看到客人弄错了用餐规矩，他想到的并不是纠正——为什么让客人为一件自己并不了解的事当众出丑呢？这位贵族有真正的绅士风度，相信在场所有人都会觉得他是个值得深交的人。

人与人不同，永远不要希望对方和你一样，你坚持的未必是正确的，他人的行为就算你看不顺眼，也不一定是错误。你能够容忍的差异越多，择友范围就越广，也能与更多的人友好相处，因为你对人的尊重与理解，好像一道阳光，照得人心里舒服。

真正的帮助是雪中送炭

古时候，有个书生走在大路上，发现一条小鱼陷在深深的车辙里。车辙里的水已经干涸，小鱼奄奄一息，看到书生，它挣扎着说："善良的书生，请你救救我，别让我渴死。"

书生同情小鱼，对它说："你真可怜，我这就去禀告国王，开凿水渠，将大河和东海的水引到这里，这样你就可以自由自在地生活了。"

小鱼骂道："你随便舀一瓢水给我，就能救我一命，可是你却在这里夸夸其谈，等到你说的水渠开凿完毕，我早就渴死了。你真的要救我吗？"

小鱼马上就要渴死，路过的书生发下宏愿，要给小鱼开凿水渠。想要帮助他人是件好事，但要知道远水不解近渴，有心不一定就能帮助人，用错方法也帮不了人。就如在沙漠里干渴的旅人，海市蜃楼再美，也不能让他解渴，切莫让自己的好心成了他人的海市蜃楼。

一个重视他人、关心他人的人，必然有爱心，愿意帮助他人。但帮助也需要头脑，别人需要帮助的时候你去帮助，人家感激你；别人不需要帮助的时候你非要帮人家做事，人家会以为你精神出了问题，或认为你无事献殷勤，别有所图。可见好心应该有，但要放对地方。

张先生路过街边的广场，听到一阵阵叫骂声，走近一看，才发现广场上有一群孩子在打架。其中一个孩子被打翻在地，其他孩子上去拳打脚踢，被打的孩子发出呼救声，其他的孩子不管不顾，不肯停手。直到地上的孩子再也爬不起来了，其他孩子才扬长而去。

张先生心生同情，就从口袋里拿出手帕，上前想要扶起那个孩子，孩子却说："我不需要你的帮助，刚才你明明看到了他们在打我，你只要出言制止，就可以让我不再挨打。可是你没有说话。你以为我现在需要一条包扎伤口的手帕吗？"张先生听了，惭愧不已。

在他人需要的时候提供帮助，是雪中送炭，等到他人渡过了困难，你再赶过去说要帮助对方，最多算是锦上添花。人们怀念的是寒冷时候的炭火，而不是热闹时候的一朵鲜花。故事中的张先生显然犯了这个错误，所以他得到的不是感激，而是轻视。

当然，我们帮助别人的目的并不是为了让人怀念，而是为了自己的善心。但善心不能以正确的方式及时表达，对他人对自己都是一种遗憾。既然相信人与人之间的感情，选择帮助别人，那就要将这件事做好。帮助别人不但要帮到底，帮助别人也要帮得好、帮得对。

在我们的生活中，每个人都需要他人的帮助，将心比心，我们需要的究竟是什么样的帮助？首先我们不需要那种全权代办式的帮助，这种与溺爱无异的关心会让我们无法亲力亲为，无法得到克服困难的能力，让我们只能依靠别人；我们也不需要那种带有附加条件的帮助，或者说，我们能够接受利益交换，但不能忍受有人以"帮助"之名，为的是索取回报；我们更不需要那种口中说着帮助，却在一边袖手旁观的朋友；还有一种帮助让我们头疼，就是有些人不了解情况，好心办错事。总结了这么多，你应该知道如何帮助他人：不越俎代庖，不索取回报，不隔靴搔痒，更不要拖人后腿，这就是真正的帮助。

给予他人，丰富内心的安乐

也许是现代社会的节奏使我们无暇与更多人接触，也许是生活的高速运转让我们不能停下来看看别人，我们经常听到人们感叹人情冷漠，人与人的距离越来越远，在大城市再也找不到那种邻里之间把酒闲话的场面。

一颗自私的心无法体会真正的感情，与其感叹人情味越来越淡薄，不如看看自己都做了什么。你愿不愿意常常关心他人的心情和需要？愿不愿意为公益奉献一分力量？愿不愿意听人倾诉、给人帮助？愿不愿意在心情不佳的时候克制自己的脾气，为的是不影响到别人？给予有很多种方式，为他人着想是它的内核，懂得给予的人才能懂得真情。

送人光明，手中留光。给予让人越发明白感情的珍贵，当你帮助别人时，你听到的是感恩的话语；当你安慰别人时，你看到了止住泪水的眼睛；当你关心别人时，你感受到对方内心散发的幸福。给予他人，你能够得到的并不是利益，而是他人的一张笑脸，但这张笑脸却能给你真正的发自内心的满足。

一个吝啬的富翁总觉得生活中少了点什么，他的妻子经常劝他："金满筐，银满筐，到头不过一土筐。你有这么多钱，不如接济邻里，行善积德。"富翁总不把妻子的话当一回事。

这一天，富翁又在闷闷不乐，妻子对他说："你不如站在窗户旁看一看外面。"富翁说："外面有很多人，挺有意思。"妻子说："你再站在镜子前看一看。"富翁说："只有我自己。"妻子说："人的心就像玻璃，本来是内外通透的，一旦你涂上一层银，就只能看到自己。"

富翁思索了几天，终于想开了。从此他按照妻子说的，常常把家里的粮食、钱财送给有困难的人。久而久之，他的名声越来越好，喜欢他的人越来越多，他也渐渐享受到内心的安乐。

生活中有很多不能缺少的东西，衣食住行不可缺少，亲友家人不可缺少，快乐的心情同样不可缺少。有善心的妻子劝富翁积德行善，就是让他不要只看着自己，要与他人多多分享，他得到的不只是一份好名声，还有越来越开阔的心境和越来越平和的性情。

快乐来自分享而不是占有，情谊来自给予而不是吝啬。懂得给予的人负担会越来越少，心灵上的拥有则会越来越多。他们得到的不仅仅是旁人的感激，还有帮助他人之后的充实感，这种充实能让一个人由内到外欣赏自己。因为善良，因为给予，因为对他人的关怀，使你的整个生命提高到一个新的层次，不是为小我，而是成就大我，你的人生自然焕发别样的光彩。

第三篇　临事要有大格局

第一辑
凡事皆有极重大之时，沉得住的便是静者

事有大小，静为常态才能不痴不妄，沉住气性，在烦琐之时钻研出学问，重大之时修炼出气度。

人生之静，并非使生活如一池死水，不起波澜，而是静心忍性，在磨难中提取智慧，达到自如的境界。一双慧眼，一颗慧心，自可化劫难为造化，于厄运觅转机。

纷繁人世，静则不伤

一次，庄子正与一位君王谈话，看到一只猴子在树林间跳跃。君王对庄子说："您瞧这只猴子身手灵活，在树林之中游玩，多么自在，多么开心。"

庄子看着那不断跳跃的猴子，笑着对君王说："这猴子现在虽然开心，但如果有一天，它误入荆棘丛中，就算有再灵活的身手，它也一筹莫展。"

曾有人说："人生在世如身处荆棘林。"这句话说得真好，形象贴切，让人感同身受。我们有时候也会觉得自己像庄子口中的猴子，在荆棘丛中，全身的本事无法施展。又曾有人说："心不动则人不妄动，不动则

不伤；如心动则人妄动，则伤其身、痛其骨，于是体会到世间诸般痛苦。"由此可见，每个人的生活都是苦难的历程，每个人都会受苦。

曾有哲人这样评价婴儿的啼哭："婴儿降生为什么会啼哭？因为他从此离开母体的呵护，独自一人在这世间漂泊，要忍受种种痛苦与煎熬，他怎么会不哭呢？"是的，从降生到成熟，没有人能够一帆风顺，成长的每一步都伴随着困境与伤痛，这些伤痛都会变为心灵的划痕，留下大大小小的伤疤。佛教说人生有七苦，任谁也避免不了。

生活在都市中的现代人，特别是那些为生计奔波的人，更加理解"苦"的含义。沉重的工作，巨大的生存压力，使他们的内心日渐疲乏，每一天都生活在焦虑与失望中。焦虑，是因为压力得不到合理疏解，思虑越来越重；失望，是因为理想与现实差距过大，对自己、对他人、对环境产生不满。

心病还要心药医，那么，究竟什么是心药？什么是最有效的疏解方式？这种方式不能依靠他人，因为他人不是你，永远只能按照他自己的思维方式帮你出主意，那主意也许好，却未必适合你；也不是环境，环境从不迁就任何人，只有人适应环境才能更好地生存。你需要领悟生存的智慧，在纷繁的人世，只有一颗禅心能让人平静；静，则不伤。

当一个人被他人冤枉，最好的办法是什么？是拿出证据辩解。但事有凑巧，如果刚好拿不出证据呢？这个时候争辩毫无意义，最好的办法就是沉默。在别人不相信你的时候，任何解释都是徒劳。人正不怕影子歪，只要问心无愧，相信事情总有水落石出的那一天，旁人的猜测就不能损害你的内心。以淡定的态度对待是是非非，这就是"静者不伤"。

有一首歌叫《沉默是金》，其中一句歌词说："是错永不对，真永是真。任你怎说，安守我本分。"安分守己的人知道沉默的可贵，特别是在喧哗的人群中，沉默的人自有一种气度，让人不敢小觑，不愿生疑。如果能够守住内心的坚持，不随波逐流，不人云亦云，凡事有自己的原则，久而久之，沉默就会令人信服，令人尊敬。不必在乎外界环境的苛刻，用静与默当作保护自我的盾牌，足可抵御外界的真真假假，保持内心的平和。

若话语无用，不如沉默

艺术作品往往最能反映一个人的格调。古人从一个人的墨迹中能够揣度出这个人的为人与禀性。画作同理，画家描绘的景致更能反映其心中所思所想。内心浪漫的人喜欢画明媚春光与花花草草，孤僻内敛之人喜欢画深山古寺，以标榜自己清幽雅致。一个内心平静的人却会画暴风雨之中的闲庭信步，以表达内心的安泰。

人生也难免要经历暴风雨，这风雨也许是一次失败，也许是突如其来的打击，也许是一场意外，也许是长久以来求之不得的失落，也许只是内心突然对现状不满和因此而来的不安稳心态。这个时候最能考验一个人的定性如何。是惊慌失措，还是坦然面对？有一句诗写出了一种大无畏的气魄："不管风吹浪打，胜似闲庭信步。""闲庭信步"，指的是在大风大浪之前要沉得住气，就如画中那只在暴风雨中安睡的母鸟，因为心中没有畏惧，何时何地都能入睡。

宁静是一种有容乃大的心态，就像最深的水潭表面上看起来是最静的，没有什么声音。它最不易因为外界的一点响动而翻腾不已，而且最有容量。倘若人的心胸能够像沉静的潭水，自然能够容纳外界的一切声响，包括那随时都可能袭来的暴风雨。想要修炼自己的内心，就是要扩大它的容量，让它如一泓深水，能够包容越来越多的喜怒哀乐，悲欢离合。

真正有价值的东西是稳健的、沉重的，就像人来人往的石桥，人们站在桥上的时候，往往忘记桥的存在，但提起某条河，人们首先想到的却是河上的桥，而不是桥上的人。所以，变动不居的东西，远不如静止无言的东西来得长久。

沉默与宁静是一种力量，让人远离世俗的喧嚣，保持个性的独立与心性的完整。古语说："大音声希。""大音"就是大道，真正的境界不需要声音，沉默的力量远胜于喧哗。最聪明的人不会炫耀自己的聪明，最成功的人是那些懂得默默努力的人。与其高声呼叫，提醒众人自己的存在，不如默默流淌，将自己的生命流成一条静静的长河，供人敬仰和评说。

危急关头，要"静"而后动

成公贾是古时楚国的一位贤人，很关心国政。他看到楚国朝政混乱，登基已三年的楚王却不闻不问，不禁为国家担忧。这一天，成公贾决定当面劝谏楚王。

楚王客气地接待了成公贾，成公贾说："我是街里闲人，近日听说这样一件事，想来问问大王明不明白。有人说他看到一只身披五色花纹的大鸟在楚地已经有三年，可是它从来没有叫过一声，不知是什么原因。"成公贾用了一个比喻，五色花纹的大鸟，是指楚王，不叫一声，是说他对内政外交毫不关心。

楚王说："看来，这一定不是一只凡鸟，它一动不动，是在积蓄自己的力量，等有一天一飞冲天，一鸣惊人，你何不拭目以待？"成公贾当即明白了楚王的意思。没多久，楚王羽翼丰满，对内任用贤良，铲除贪官污吏；对外征伐，打败楚国的敌人，果然"一鸣惊人"。

关心国政的贤臣向不理朝政的君王进谏，成公贾认为面对混乱的朝政，一个国君应该有所作为，正如面对困境的时候，一个人应该有所作为，"有所为"代表着一个人的能力和担当。一番谈话后，臣子发现君王并非无所为，他选择用一种有策略的方式来达到最佳效果。为了一鸣惊人，先要养精蓄锐，积累足够的实力，创造出充分的条件。

人生难免有困境出现，困境让人束手无策，寝食难安。有时也会消磨人的斗志，让人变得庸碌无为。每个人最初都是心怀梦想的跋涉者，有些人能成功，有些人以失败告终，并不是他们的能力有差别，而在于他们是否能够突破困境。一旦开始跋涉，就要有面对困境的心理准备，路途越长，困境越多，这就更需要有冷静的头脑。

想要解决一个大问题，需要长远的考虑、周密的部署。应对大事最好的办法是厚积薄发，在平日就要默默积累自己的力量，以备不时之需。谁也不知道自己会遇到什么样的情况，所以，雄厚的资本至关重要，不论这资本是学识、资金、人际关系，还是对自己能力的自信。时时刻刻磨炼自己的人，才有可能沉住气，应对重大事件。

哈里和皮特是一对好朋友，他们共同出海经商，赚来一箱金银珠宝，他们准备带着这箱珠宝回到家乡，过富足美满的生活。这一天夜里，哈里和皮特突然听到水手们在低声说话，原来这些水手心怀歹意，他们想要杀掉哈里和皮特，吞掉那箱珠宝。

哈里和皮特惊恐地看着对方，他们到底是老道的商人，立刻打定主意，哈里站起身对皮特大叫："你这个魔鬼！你这个贪心的人！我过去真是瞎了眼睛，竟然把你当成我的朋友！"皮特不甘示弱地说："你才是个魔鬼！你竟然想独吞珠宝！我就算把它们扔掉也不给你！"说着他抱起珠宝箱，将箱子从船窗扔进了大海。

当水手们冲进来时，看到哈里和皮特正在咒骂对方，水手们看到珠宝已被他们扔掉，只好悻悻离去。哈里和皮特平安到达港口，他们立即通知警察，将恶毒的水手抓了起来。

重大事件有两种，一种是困难摆在眼前，你缺少克服它的能力，只能默默积攒精力，寻找破绽，努力寻找突破口；还有一种是困难突然来到眼前，迅雷不及掩耳，你没有机会慢慢积攒力量，只能立刻拿出应对措施，唯有如此才能在危急关头保护自己。

在危急关头，人们最需要的仍然是"静"，心态平静，头脑冷静，才能调动自己的全部聪明才智，以最快的速度想到解决的方法。就像故事中的哈里和皮特，他们知道惊慌没有用，果断地选择了舍财保命，断了匪徒的念想，留下自己的生路。

在任何时候，冷静都是成功者必须具备的一种素质。冷静，既能让自己在复杂的形势中占据一个清醒的视角，不致被蒙蔽；又能让脑筋不被突来事件打乱，无法做出思考。就像地震时候，恐慌的人在大叫，冷静的人立刻寻找安全地点。多一分冷静，就多一分安全保障。

临危不乱的人有大将之风，因为习惯筹谋，即使在短暂的时间里，脑子也会习惯性地条分缕析，做出最正确的判断，制订最恰当的计划。这得益于平日的深思熟虑。把深思作为一种习惯，凡事多想想，多看看，你收获的并不只是宁静的内心，还有生存的智慧。

刚者易折，柔者易生

做人应当有理想、有目标，古人追求"顶天立地"，追求做得正，行得直，这就是刚强。但是，人们对刚强的理解有时太过表面化，认为刚强就是直来直去，就是不肯低头，甚至等同于固执己见，这就是一种偏颇的理解。刚强，指性格上的正直，指一个人有原则，能够坚持立场。刚强的人也可能懂得圆融处世，懂得在适当的时候，对人对事低头。

过刚的事物为什么容易损伤？因为太过强硬，看上去难以与人共存，自然处处树敌。而柔和的事物对他人、对周围环境都有一定的忍让，自然也就为自己争得了生存发展的空间。在任何时候，共存都比争个你死我活来得重要，各退一步保证各自利益才是成熟的做法。过于强硬的人却不懂这个道理，他们认为低头就是懦弱，退让就是失败。如此要强的结果，往往是让自己吃了大亏。

画师正在练习画猛虎图，他笔下的猛虎吊睛白额，栩栩如生。他的师傅在一旁说："你的画技可谓精进，可惜阅历不够，作画终究落了下乘，到底是年轻人。"

画师不服气地说："师傅，人人看到我画的虎，都说是神品，你怎么说我画得不好？"师傅说："我举个简单的例子，你这幅《猛虎扑敌》，画的是猛虎将要与对手作战，但你知道老虎要攻击对方，先要做什么吗？先要把头尽量低下，贴近地面，这样才能冲得更快。你看看你的画，老虎昂着头，哪里有要战斗的架势？"

画师听了，低下头说："看来，不只虎要低头，做人也应该时时低头，请师傅今后继续教诲我。"师傅笑着说："你能悟到这一点，可知今后前程不可限量。"

有经验的画师知道，老虎在搏斗之前首先要做的是放低身子。为人处世若也采取低姿态，不失为一种智慧。由低到高的过程，放得越低，力气就越足，冲劲就越大，最后到达的高度就越可观。而且，低姿态可以保证自己不会受伤，也能保证你获得更多的伸展空间。

人生是一个由低到高的过程，做事就像登山，需要从较低的地方一步步走到高的地方。当你到达一个较高的地方，想要攀登另一座山峰，仍然要先下山，再登高，"低"是必不可少的步骤。其实，低一点没什么不好，"低"，是对自己的保护，是为了短暂的休息，保存耐力，以期达到自己的目标。换言之，"低"是对实力的隐藏。

拿破仑·希尔说："如果一个人想要在办公场合获得好的人际关系，做出更多的成绩，就要把一切优点和值得炫耀的地方妥善地隐藏起来。"柔和的处世方法和放低姿态做人并不会让你低人一等，真正的刚强在于内心不可动摇的原则性，而不是一时的气性。

不妨走上街道看一看直观的例子。在街道上，那些面貌温和甚至柔弱的人，更容易给人亲近之感，旁人对他们往往照顾礼让；而那些彪悍的人却让人没有谦让的心理，如果他们脾气暴躁，就会很容易与人冲突。真正的"强"不必显露在表面，外柔内刚，以低姿态取制高点，才是常胜之道。

急功近利的人，站不稳脚跟

自古以来，成功是每个人的梦想，有些人只做梦不行动，企望天上掉馅饼，他们一辈子只能碌碌无为。还有人愿意为梦想付出时间、精力、汗水，只要能够达到目标，他们可以一直付出。也许就是因为付出太多，用心太深，才会迫切地想要知道：如何以最快的方法达到目标，因此，人们产生了急功近利的念头。

有这样一个笑话，一个男人吃了五张饼不觉得饱，吃完第六张肚子饱了，于是就埋怨自己为什么要吃前五张饼。急功近利的人与这个男人相似，他们太过注重第六张饼的实效，从而忽视了前五张饼的重要，实际情况是：没有第六张，男人最多有点遗憾；只有第六张可以吃，男人的饥饿感只会越来越强。在现实生活中，第六张饼代表的往往是虚名，解决不了多少实际困难。

从前，一位君王向人学习驾车技巧，经过一段时间的训练，君王要求与自己的老师比赛，结果惨败。君王说："寡人敬重你的技能，拜你为师，你怎么能不好好教授？"老师说："微臣已经将全部技术传给大王，大王之所以落败，并不是技不如人，而是心态不好。"

"你说说，寡人的心态怎么了？"君王问。

"我与人比赛的时候，一心观察马的状态，马累的时候，我会让它稍慢一点，然后再催促它飞奔，我一直注意的是比赛本身；大王您驾车的时候，一心只想超过我，在我后面时，您不顾马的状况，一味追赶；超过我后，不时回头看我有没有赶上来。您只注意能不能取胜，根本没有心思考虑如何与马配合，这才是您落败的原因！"

古代的驾车比赛，既要掌控车子的方向，又要配合马的动作做出调整，需要全神贯注才能得到好成绩。而一心想着成败得失的人，无法顾全大局，常常顾此失彼，自然落了下风。故事中的君王脑子里只有胜利，也就看不到脚下的路，他忘记胜利只是结果的一种，如果不能好好完成过程，迎接他的是另一种结果：败北。

急功近利之人之所以没有一颗宁静的心，是因为他们太过重视结果，忘记了胜利需要一点一点积累。捷径也许存在，但不会时时存在，事事存在，偏偏有人做任何事都图方便，这种思想放在现实生活中，就是投机取巧。现实生活中，不乏靠投机得到成就的人，他们用比别人更少的努力和时间，也能得到地位和成就。

不过，投机取巧的人始终比那些埋头苦干的人少了一些东西，埋头苦干的人的脚步是扎实的，他们却是虚飘飘的，有一天遇到狂风，就再也站不稳，露出原形。而那些脚步扎实的人，从来不惧怕风雨。每个人都有想要实现的愿望，有禅心的人不会采用不正当的方式，更不会在条件不成熟时贪功冒进，因为他们知道，生活的真味要慢慢品，过程比结果更值得投入。

把事情做透是一种学问

一个人的能力、阅历是有限的，谁也不能保证自己能将一件事做好，但是，有心的人却会把一件事做透。把事情做好固然能达到我们的目标，把事情做透却也是另一种收获：收获的是做事的学问、动脑筋的方法。只有把事情做透，才能真正了解一件事情，从这个过程中得到智慧与启迪。深耕细作的粮食与播种机大面积种下的粮食虽然都能获得丰收，但前者无疑比后者更有营养和口感，这就是"透"与"不透"的区别。

把事情做透是提高能力的最有效方法。想要全面了解一件事，就要从各方面尝试，就能以更多的角度看到事物的全貌。多数人在实践中能够触类旁通，通过一件事思考到更多的事。因为要解决一件事，可能要学习很多东西，在无形中提高了自己的能力。当一个人把一件事做透，他会发现自己会做很多件事，对自己的能力有了充分的信心。

一位漫画家在杂志上连载一部少年漫画。刚开始的时候，读者很喜欢这部作品，认为构思新奇，男女主角很有个性。这部作品可谓一炮打响，引来了众多的追捧。连载两年后，漫画家感到后继无力，读者们也对这部作品渐渐没了耐心。而那本杂志对这样的作品一向的做法是"腰斩"，即在一个月之内草草结束作品，给其他作品让出地方。

接二连三的打击，使漫画家本人也对这部作品有些厌烦，但他做事认真，他决定给这部作品一个相对完美的结局。于是，他依然精心构思，认真作画，并把不满意的部分反复修改。

没想到最后一个月，形势突然出现转折，漫画家的诚意让这部漫画更加精彩，众多读者都表示这部作品还有很多潜力，希望杂志继续刊登。在读者的要求下，杂志社决定继续这个连载。作家没想到，一次坚持，竟然会有如此收获。此后他越画越好，这部漫画成了大热作品，经久不衰。

漫画家的作品即将面临"腰斩"，他对自我的要求就是尽可能将事情做透，即使结果可能不让人满意，也要竭尽全力，让自己不留遗憾。当人下定决心后，就能心无旁骛，这个时候往往能够注意到平时没有注意到的东西，激发出从未有过的灵感，从而开创一个新的局面。可见，把事情做透才能把事情真的做好。

如何才能把一件事做透？关键要沉住气、专心、持久、不服输。沉住气，就是我们说的心静，在任何时候不要忙乱慌张；专心，就是说不要吃着盆里惦着锅里，要全神贯注地做一件事；持久，是指要有计划、有策略，不能急于求成；不服输，是说在暂时的挫折面前懂得迂回，以退为进，冷静地寻找解决办法，相信苦心人天不负，转机总会出现。这些因素加起来，再加上一颗愿意思考的头脑，就必然能将一件事做好。

第二辑
凡事皆有极复杂之时，拆得开的便是智者

心灵没有智慧，如行路没有双目，纵然路走得再多，事做得再好，也会偏离目标，达不到想要的效果。想要选对做事的方法，先要有做对事的眼光，这便需要智慧。

世事难免复杂，看得透起因，理得清条理，拆得出重点，然后权衡得失，周详布局，谨慎从事，就是解决事情的最佳办法。

事有千源，智者机变

什么是智慧？智慧不是一本书、一句话，而是在需要的时候，它能为人解决实际问题。智慧来自书本，来自师长的教育，来自为人处世的经验，最重要的是来自于我们的思考。万事万物都蕴涵着智慧，能够认真观察的人，自然会对这智慧心有所感，并加以提炼。智慧的关键在于灵活机变，因为要面对的事情总有各种面貌，必须有一颗机变的心随时加以应对。

机变的人不去钻牛角尖，他们不会把一个问题想死，也不会轻易对一件事、一个人下结论。他们崇尚变通，就像宽广的河流，可以笔直地流动，也可以绕过高山，九曲十八弯，最后到达大海。也难怪人们说

智者乐水，智慧像水，即使兜兜转转，最后都会流入大海。

当人们想要达成一个目标的时候，最需要的是不懈地努力，但有的时候，努力并不能解决问题，这个时候就需要机智。没有条件的时候，机智的人能够创造条件；没有突破口的时候，机智的人能够用迂回的方法寻找突破口。机智的人相信任何事物都有弱点，没有攻不破的堡垒，知己知彼，总会想到好办法。

随着年龄的增长，我们会发现世界并不像从前看到的那样简单，人心也不像想象中那么单纯，不必为这种情况感叹，因为你本身也在变得复杂。但我们会因为自己变得复杂而不会做事吗？不会，因为我们心中有自己的目标、自己的底线、自己的分寸。同理，别人做事也都有自己的目标、底线、分寸。

对事情、对他人、对自己要有一种"拆得开"的心态，知道他人的目标，就能分辨敌友，甚至化敌为友、求得共存；了解他人的底线，就不会得寸进尺，能掌握与这个人交往、共事的"度"；明白他人的分寸，就能够不去冒犯他人，尽量尊重他人。不必感叹事情千头万绪，如一团乱麻，只要你多多思考，就能把事情拆得简单，而拆得开，就能玩得转。

看问题全面，想周详办法

一只小猪正在河里洗澡，它问自己的妈妈："我常听人说到'聪明'这个词，怎样才算'聪明'？"妈妈说："聪明很简单，我给你出一个问题，你猜一猜：两只小猪在烂泥塘里打滚玩耍，回到家后，是爱干净的小猪先去洗澡，还是不爱干净的小猪先去洗澡？"

"这个太简单了，当然是爱干净的小猪先去洗！"小猪说。

妈妈只是笑了一下说："可是爱干净的小猪也不是天天要洗澡。"小猪以为自己答错了，连忙说："是不爱干净的小猪先去洗，因为它身上太脏了！"妈妈仍然摇摇头说："不爱干净的小猪也许习惯脏着身子，不去洗。"

"那就是两只小猪都去洗澡！"小猪说，看了看妈妈的脸色，知道自己又错了，连忙说："是两只小猪都没去洗。"妈妈说："都不对，但都有可能，如果你能一次说出四个答案，就说明你考虑问题最周全，这就是聪明。"

一个看似简单的问题，却藏着思维陷阱，小猪的四个答案都是错的，但加在一起却是正确的。很多问题并没有标准答案，很多事都需要多重判断，想到每一种可能，才是周全的回答。这种周全的思维方式，同样是一种"拆得开"。

我们都听过《盲人摸象》的故事，几个盲人去摸一头大象，他们的手触摸到什么，就以为那是大象的样子，于是得出了很多荒谬的结论。

现实生活中，我们也经常根据现象的一角，做出错误的推论，却不知现实比我们的想象大得多，复杂得多。如果我们不能多看看、多想想，就不能触摸事物的全貌，更不能找到最准确的应对办法。

同理，在我们的心里，也经常存在这种"一叶障目"的死角。我们常常固执己见，被某个观念蒙蔽，听不进别人的劝告，看不到更多的状况，这就造成了我们为人处世的偏颇。更严重的时候，我们变成了一个心灵上的盲人，以致常常做错事，常常后悔。

乌龟对它的好朋友老鹰说起自己的愿望："一直以来，我都羡慕你，希望能像你一样在天空中自由飞翔，看一看广袤的大地，可我知道直到死，我也无法实现这个愿望。"

老鹰仗义地说："你为什么不早点告诉我？这个愿望我一定帮你实现！明天我带来一根棍子，我抓着一头，你咬着另一头，我就能带你飞上去！"

乌龟欣喜若狂。第二天，老鹰用爪子抓紧一根棍子，乌龟咬住棍子的另一头，只见老鹰展开翅膀，乌龟听到耳边呼呼的风声，转眼间，它到了半空中！乌龟高兴极了，老鹰也很得意，它实现了朋友的愿望，以后，它可以经常带朋友来天上玩。

没想到不到一个钟头，不幸的事发生了，乌龟一头栽了下去。幸好是摔在了湖里，没有死掉。老鹰说："你怎么不牢牢咬紧棍子！多危险啊！"乌龟委屈地说："我一直咬着棍子，但咬的时间太长，我太累了。"

"那你可以告诉我，我就带你飞下来啊！"

"可是我刚松开嘴，就掉了下来！我们下次还是想一个更加周详的办法吧！"

老鹰想帮助朋友实现在天空飞行的愿望，结果却是好心办错事，差点要了乌龟的命。由此可见，助人为乐也要讲究方法，结果不好，费再大的力也不讨好。也许我们早就发现这样一个事实：和自己有关的事，过程比结果重要；和他人有关的事，结果比过程重要。

世界上多数事情也是如此，过程虽然重要，但结果却是人们最看重的。想要达到一个好的结果，就要讲究方法，这个方法就是思考周全，妥善筹划。成功不是一句口号，也不是下定决心排除万难就能办到，或者说，方法不对，需要排除万难，方法对了，也许只要排除"百难"，那么，我们为何不在一开始的时候多想想，省去那些"难"？

想办法也不是容易的事，一来要有丰富的经验，二来我们的思维常有误区，生活中也常出现我们注意不到的死角。这种能力需要在实践中不断提高，不必那么急迫。不论何时，尽量让自己的思考周全一些、缜密一些，你会发现一旦看得全面，事情就不再复杂，困难也能够迎刃而解。好的结果，自然也就是你的囊中之物。

危机意识并不多余

两只青蛙去旅行，它们游山玩水，最后走到了一个寸草不生的村落。更糟糕的是，它们玩得太开心，走得太远，早就忘了回家的路。此时烈日当空，它们干渴难耐，只希望找个地方喝口水，再找个阴凉的地方睡上一觉。

一只青蛙突然欣喜地大叫："前面有一口井！一口井！"说着跳上前去。只见一口水井里，有一汪看上去清凉透亮的井水。青蛙说："这可真是绝处逢生，我们只要跳下去就能解渴。"它的同伴却说："你别着急往下跳，你先想想，跳下去以后，你还能不能跳上来？"

青蛙仔细观察井的深度，果然超过了自己的跳跃能力，如果方才它直接跳下去，很可能一辈子都跳不出这个枯井。

多年前一个电影里有这样一句经典口头禅："黎叔很生气，后果很严重。"在生活中，我们也常常用这句"后果很严重"揶揄自己，调侃他人。不过，"后果很严重"并不是一句笑话，就像故事中的青蛙，如果它没思考就跳进一口枯井，恐怕要流着泪说："后果很严重。"

做什么事都需要想后果，因为事情是你做的，你需要承担这个后果。如果只是小错误，后果不严重，大概只是心中不舒服一下，郁闷一阵子；如果造成严重后果，长时间地影响自己的心情，造成心理阴影，显然这错误的代价就大了。还有可能影响到自己的事业、前程、人际关系，这个时候，恐怕就要满大街找"后悔药"了。

更多的情况下，后果并非由你一个人承担。如果你承担不了这个后果，就意味着你不仅给自己带来了损失，还会给他人带去麻烦。这样的后果也会极大地影响你在他人心目中的形象，让他人对你的信任度降低。更严重的例子也有，有人没有熄灭一根烟头，造成整栋大楼的火灾——没有人想故意纵火，这样的结果只是因为一时行事疏忽，多么得不偿失。

一个孩子做事总是粗心大意，他的父亲教育他说："不要这么粗心，你没听说过'千里之堤溃于蚁穴'？一点小小的疏忽，就会导致大的漏洞。"

"可是，蚂蚁自己要爬过来的话，大堤有什么办法？"孩子反驳。

"古代人在修建大堤的时候，就会预防白蚁，而且人们经常检查大堤，发现白蚁，就要及时消灭，这样才不会有安全隐患。你呢，平时写作业不是丢个小数点，就是少了一个零，这怎么得了？想想你上次的名次，和第一名差了三分，如果你没有忘记那个小数点，你就是班上的第一名！"

"我不在乎是不是第一名。"孩子嘴硬。父亲说："小数点在卷子上，你可以不在乎。等你长大了，当了设计师，你点错一个小数点，一座楼就塌了，你也能不在乎吗？"孩子终于低下了头。

不论是长堤上的白蚁，还是设计图上的小数点，看起来都微不足道，却可以导致重大事故。天灾和人祸常常因为微小的疏忽，一些事情在最初的时候可能很简单，一旦它变得过于复杂，就不是我们的意愿能够控制的。所以，在日常生活中，要养成认真的习惯。

认真是一种可贵的品质，也有很多实际的好处，好处之一就是它让我们既有专心致志的品格，又有未雨绸缪的危机意识。我们生活的世界并非那么安全，即使过马路看着路灯踩着斑马线，还可能有意外车祸。在生活中更要多多留神，将危险扼杀在萌芽状态，给自己给他人以安全，这就是人们常说的"防微杜渐"。

危机意识并不是神经质，时刻忧心忡忡以为天要塌了，地要震了，每天搞得自己紧张分分。防微杜渐也不意味着草木皆兵，每走一步都要左瞧瞧右看看，生怕有什么危险，有什么漏洞。过分小心的人常常因为太过注意脚下，而忽略了大目标。

认真应该是一种习惯，一种心理防御机制，落实在行动上，只需要做事多想一点，多看一眼，多动几下。在心灵上，需要多多思考，多多筹划，多多想想可能的后果，然后做到谨慎即可。谨慎的人往往不会把事情搞复杂，因为在事情变复杂之前，他早已将其拆一个一个成简单的部分，处理得妥妥当当。

于细节处见本质

拳手要想胜利，就要擅长寻找对方的破绽，而想要保持不败，就要步步为营，不露自己的破绽。现代社会竞争激烈，我们有时就像拳击台上的拳手，想要胜利，就要事事仔细，不留下任何破绽给别人。对手有破绽，胜利就不复杂；自己留下破绽，就是给别人可乘之机。

一个人的品德也是如此，没有人天生就是圣人，品德需要不断培养，不断对缺点加以克服。如果不能常常发现自己的毛病，给自己打个"补丁"，破绽会越来越大，最后变成人格缺陷。而那种不断完善自我的人，即使不是圣人，也值得人们尊敬。

一个芭蕾舞团平日在市里的文艺中心练习，那里的清洁工工资很高，很多清洁工都希望进去工作，但那里的清洁工却说："不要以为这是一个多么轻松的工作，我们的工作强度至少是你们的三倍。"

"可是，一群练舞的小姑娘又不会留下多少垃圾。"有人表示不信。

"垃圾不多，但是，你要随时留意练舞场，不能有一丝灰尘，也不能有一丁点异物。"

"不需要这么严格吧？"

"怎么不需要。你要知道，芭蕾舞鞋很软，地板上的一点异物，都会对舞者的双脚造成伤害，怎么能不小心呢？所以我们每天都要反反复复擦拭很多遍，让那些小姑娘放心练舞。也是因为这个，我们的工资才比外面高一些。"

有时候，一个人的性格、行事方式就能代表他的品格，从一件很小的事，就很容易推断出这个人的格调如何。就像故事中的清洁工，他能够明白芭蕾舞者的不易，也明白自己工作的价值，慎重地对待自己的工作。芭蕾舞者奉献了艺术，他就是艺术的护航人，这种在背后默默付出的人值得我们尊重，而他那种细致的做事方式，更值得我们效仿。

如何做到细致？根源还在于我们的观察力，在于我们是否能将一件事"拆开"，照顾到每一个环节，每一个步骤。鲁智深拳打镇关西，不忘先为金翠莲父女留后路，这叫细致；和人乘车先下车为人开门，这也是一种细致。细致可大可小，就看你能不能考虑到。大事上细致的人，即使是粗人，也是粗中有细的智将；小事上细致，虽然可能让人觉得烦琐，但至少他的生活小情小调不断，大家都喜欢与他相处。总之，细致没什么坏处。

常言道："做人如山，行事如水。"水代表的是灵活也是细致，覆盖每一个细节，不留任何空隙，这就是细致。做事细致，就能让我们的一生像精心织造的锦缎，柔美大方，让人欣羡。

很多事不过披着复杂的假象

我们都看过侦探片或者侦探小说，那些大侦探总是能根据蛛丝马迹做出详尽的推理，然后在众人的惊讶之下揪出那个根本不像凶手的凶手。侦探就是拆解事件的高手，他们头脑清晰，观察仔细，思考周密，所以才能看到别人漏掉的，想到别人想不到的。在此基础上，他们还能产生一些跳跃联想，从而解决一个又一个的案件。

我们羡慕侦探的头脑，事实上，现实中的聪明人，智商不会比书中的侦探差。因为我们要面对的复杂事态，虽然性质与案件不同，但麻烦程度却不差多少。我们也必须像侦探一样将事情拆解，观察，思考，得出结论，解决问题。这样的经验多了，我们就会发现很多事情其实没有想象的那么复杂，解决事情有时就需要抓住某个关键点，能够突破这个关键点，整个事情便会迎刃而解。

一只兔子正在森林里睡觉，一颗熟透的木瓜砸了下来，落在湖水里发出"咕咚"一声巨响。兔子胆小，以为天要塌了，慌忙逃跑。

途中，兔子遇到乌龟，乌龟问："你为什么慌里慌张的？发生了什么事？"

"不得了了！咕咚一声！天马上要塌下来了！赶快逃命！"兔子说，乌龟听了连忙跟着兔子逃命。一路上，鹿、猴子、羊、牛、马等动物都听说了这个大消息，逃命的队伍越来越庞大。最后，百兽之王狮子说："你们停下来！到底发生了什么事！是谁说天要塌了？"

兔子站出来，绘声绘色地描述了"咕咚"的可怕。狮子带着大家回到湖边，这时，又一颗木瓜掉了下来。

"咕咚！"

动物们面面相觑，随即哈哈大笑。

"咕咚"一声，兔子带着整个森林的动物一起逃命，当动物们知道令它们心惊胆战的不过是一颗掉进湖里的木瓜，它们笑兔子，也笑自己。笑兔子没经过调查就大惊小怪，笑自己没问清楚就随波逐流。但是，兔子长得小，巨大的声音可能真的让它认为世界末日就要来了，真正要怪的还应该是那个没能弄清事情真相的自己。要记住别人害怕的，并不一定是自己害怕的。

每个人都有自己的弱点，对不会爬树的动物而言，一棵树不论笔直还是弯曲，都是复杂的，难以克服的。人与动物不同，人有主观能动性，只要找出那个捆绑自己手脚与心志的弱点，就能想办法克服。最重要的是保持心灵的警觉，不要被其他人的言语和行动所迷惑，轻易地对事物下了定论，认为困难不可克服，自己一定束手无策。倘若如此，不是事情复杂，是别人把事情说得太复杂，你把事情想得太复杂。

做手术的人大多有这样的经验：手术前每天都在紧张，听别人说手术如何疼，如何危险，如何麻烦，听多了就会想手术是一件九死一生的事。但多数上过手术台的人却知道，手术不过是眼一闭，睁开眼时已经在病床上。疼上一阵子，养上一阵子，病和身体也好了。很多复杂的认识就像手术，都是经过旁人夸大才产生的，事实上并没有那么严重。没经历的可以自己亲自看看，没有条件亲自看，至少要保持怀疑，不要轻易胆怯，更不能人云亦云。唯有如此，才能做一个看破假象、直击核心的聪明人。

斗气不如斗志

在一次音乐歌手颁奖晚会上，得到大奖的歌手意气风发。当记者们请他评价对手们的演唱时，歌手很谨慎，说了一些客套话。接着，记者们又请他谈谈刚刚崭露名号的新歌手。这一次，歌手显露了狂傲的本性，他说："那个歌手吗？他的观念老土，音乐里充满了炫技与猎奇，全都是为了吸引人眼球搞的小动作。这种歌手走不远，不会有什么成绩。"

谁知被谈到的新歌手就站在附近，在场的人面露尴尬，而那位新歌手却像没事人一样说："前辈提点后辈是正常事。"大家都很佩服新歌手的气度，很多人认为他一定能成大器。

后来，这位新歌手果然走出了一条自己的音乐道路，几年之后，他拿了很多音乐大奖。而当年那个评价他的歌手早已被人们遗忘。

被他人当面挖苦指责是一件尴尬的事，如果双方都是气盛之人，很有可能产生严重冲突。在这个故事中，当众让人难堪的歌手显然有错，难得的是那个被他批评的人，他的回答避重就轻，既避开了和那位前辈歌手的冲突，又没有让自己失去颜面。他知道来日方长，要维护自己的自尊，最好的办法不是和对方争执，而是拿出成绩。

斗志不斗气，是一种涵养。斗气解决不了任何实际问题，只会让事态更加严重。我们难免遇到让我们肝火上升的情况，有时是面子挂不住，有时是被别有用心的人嘲讽，有时是听到一些闲言碎语。如果较真去和别人一一争吵，那会浪费多少时间和精力？还会毁掉我们的好心情与好形象。计较一时，不如讲究韬略，像故事中的后辈歌手那样，用实际成就告诉对手：风水轮流转，谁也不要得意太久。

用成绩化解尴尬，是一种智慧。有大将之风的人才能以如此方法将尴尬"拆开"，转化为动力。靠气性做事，不如靠志气做事，后者比前者更有耐力，更有涵养，也更容易取得较大的成就。一时意气只能使自己得到一时的畅快，但一时而起的志气却能让自己一世受益，两相比较，要志气比要意气更有前途。

古时候，骡子和驴子都是运货的常用牲畜。骡子的体力比驴子好，很受商人们喜爱。可是骡子也有一个毛病，它们的脾气不好。若是赶上它们不高兴，任凭主人怎么哄，它们的四个蹄子就像钉子钉在地上一样，一步也不肯动。

一个小长工就遇到过这样的麻烦。他帮主人送炒熟的麦子，没想到骡子半路炻蹶子，动也不动。小长工急得拿起鞭子，路过的老人制止说："别打它！骡子脾气拧，打也没用，你在它嘴里塞一把泥！"

"塞了泥它难道就走路了？"小长工问。老人说："嘴里有泥，骡子的注意力转移，就会忘记刚才生气的原因，想要赶紧把泥吐出来。这个时候，你就可以慢慢地赶它上路。"

骡子脾气拧，它生气的时候谁拉也不肯走。这个时候，只要转移一下它的注意力，就能让它乖乖地顺着你的意思。人的脾气当然比动物复杂得多，但犯起拧来，却是不相上下。俗语说一个人犯了脾气，"九头牛也拉不回来"。这脾气，在多数情况下都是无理性的，他们让自己沉浸在不快的情绪中，对自己无益，也解决不了什么事。

所以，一个人需要懂得如何克制自己的脾气，这就需要他在肝火上升的时候，迅速找到转移注意力的方法，把自己的注意力放在其他事情上，就不会与怒气纠缠不清，也不会因为一时意气铸下大错。其实尴尬的局面是对一个人修为的考验。这个时候，你要"拆得开"，要明白忍住一时之气，显得自己有涵养，也显得对方没风度。之后能够用成绩证明自己，更是让对方一口气憋在心里，这就是真正的胜利。

古代圣人教导我们："三思而后行。"在与人发生矛盾时，要牢记这句祖训。作为一个修禅者更要有定性。人们都说："火气一上来，哪里忍得住。"那么不妨在要生气的时候让自己忍耐三十秒，忍过最初三十秒，接下来就能告诉自己：最气的时候都忍住了，还有什么忍不住？忍住一时之气，但不可失掉志气，要用实际行动向人证明自己的能力，才是真正的成功、真正的作为。

第三辑
凡事皆有极关键之时，抓得住的便是明者

命运并非天定，凡事尽在人为。成败的关键在我们每个人手中，抓得住的人如遇东风，鹏程万里抓不住的只能庸庸碌碌，一无所成。

大格局者通明，因此能够克制自我，不被世事迷惑，于关键处抓得住重点，抓得住方法，抓得住机会，抓得住自己的心，如此行事，即使功败垂成，也能不留遗憾与悔恨。

繁华迷眼，明者不惑

古时候，有个老翁无儿无女，和妻子过着贫困却快乐的生活。这一天，老翁出门捡到了一袋金子，老翁诚实，跑到衙门交给捕快。县官知道这件事后，对老翁说："衙门会贴一个告示，如果三个月内有人来领取，钱就归失主；如果三个月后还没人领取，钱就归你。"

一晃过了三个月，无人来领取这袋金子，老翁就成了金子的主人。他一下子成了一个富翁，在城南买了一所大宅，又买了很多富丽堂皇的玉器装饰屋子。他的妻子苦尽甘来，也穿上了绫罗绸缎。没想到不到一个月，宅子失火，烧成了一片瓦砾，老翁又变成了穷人。

邻居们都以为老夫妻一定会哭天喊地，便相约去安慰他们。没想

到老夫妻很痛快地搬回原来住的土屋，依旧说说笑笑。邻居们好奇地问："你们怎么这么高兴？"老翁说："那袋金子本来就不是我的，我偶然得到，享受了一个月，已经是上天眷顾。现在我们回到原来的生活，也没有任何损失，我为什么要为不属于自己的东西难过？"

富有的生活一向为人们所向往，天上掉下来的一大笔钱更让故事中的老人成为幸运儿。可惜幸运的时间不长，面对失去，老人的态度达观而自在：那东西不属于我，我为什么难过？老人的这段经历可以算得上是大起大落。豁达的心态，清醒的头脑，就是我们常说的"明智"。

什么是明智？对待生活，过分看重和追求那些多余的东西，是不智。对生活有一定要求，却不把这要求当作生活的全部。生活中真正重要的东西往往很简单，就像农夫要有田地，渔夫要有渔船，不论人生如何起落，只要有这些最重要的东西，就是一种幸福——能够满足于简单，就是明智。

明智的人能够抓住最本质、最关键的事，并把它们作为生活的基点。所以，他们不易被外部环境迷惑，也不会在人声鼎沸中迷失自我。他们最了解自己想要什么，最知道如何保持心灵的平静，他们简单而有头脑，不会常常为琐事烦恼，也不会被外物迷惑。明智者不惑，不惑者看淡得失，这是一种大胸襟，我们应在实际生活中以此要求自己，提高自己的修为。

古时候，有一个官差去外地办事。半路上，他不幸丢了自己的马匹，只能徒步行走。

第三天，前方出现一条大河，官差暗自叫苦。但他急中生智，在附近村民那里借了一柄斧头，砍伐了一些树木扎成木筏，成功地渡过大河。

历练
心有大格局，自有大境界

前方是一座大山，官差害怕山那边仍然是河，就把木筏扛在肩膀上。山上的禅师问他："这位施主，你为何要扛着木筏登山？不觉得累吗？"

官差说了自己的理由，禅师大笑说："施主，老衲是化外之人，原不应多嘴，但万事随缘而作，登山者要尽量减轻负重，渡河者才需要舟楫，这才是成事的道理。"

"那你说，前边再有大河怎么办？"官差问。

"前边若有河，可以再想渡河之法，你背着木筏登山，岂不更加耽误时间？不智不智。"

这个故事里的官差把木筏当作自己行路的依靠，认为有木筏在，碰到河流就不必费事。事实上他费了更多的力气，这木筏却不知道还有没有价值。这就是一种不明智的做法。事情的关键在于用最好的方法到达目的地，需要的是双脚和头脑，而不是苦工。如果被自己的偏见迷惑，很容易把一次本可以更轻松的旅程，变成一场苦役。

我们常常觉得生活中需要一个凭依，这凭依有时是金钱，有时是地位，有时是才华等等。如果少了这种凭依，我们就会觉得不安全、不完整，能力也无法发挥。其实，唯一能够当作凭依的是我们的心灵，当这颗心是明智的、平静的，它便能让人通晓事理。当这颗心是迷惑的、纠结的，才会把其他事物错认为凭依，结果只是让我们的生活多了一个拐杖，虽然使我们走路更加方便，但是太过依赖，却会变成负担，让我们忘记如何迈步。

能一次成型的事，不做二次

猎人的后代从小就要练习射箭，部落里有一个传统：初次练习射箭的人，手里只能拿一支箭。有些学习弓箭的孩子抗议说："我们只是初学者，怎么可能一次就射准？应该让我们多拿几支箭，哪怕多拿一支也行！"

部落里的神射手说："我像你们这么大的时候，就遵守着这个规定，直到几年后我才明白祖先们的意思。手里如果有两支箭，射第一支的时候就会想'这一箭射不好没有关系，反正还有一支'。这样一想，就不但射不好第一支箭，也许连第二支都射不好。"

初学者不拿两支箭是游牧部落的祖训。这个祖训有两重意思，第一重是说对待射箭要专心致志，每一支箭都要做到最好；第二重意思是说做事不要给自己留后手，就像作战时候不能想到后退，否则就不易胜利。这条祖训实际上是在告诉人们：做一个对自己有严格要求的人，因为机会只有一次，心志不坚定的人就会错过。

在很多时候，我们都能深切地感受到机会只有一次，抓得住的就是胜利者，抓不住的未必算失败，但心里总会有所不甘；在两个选择中，我们也只能选一个，想要两手抓的人，常常一个也抓不住；我们心中常常产生一正一反两个念头，无法决定，这让我们变得优柔寡断。这些情况就是"两支箭"，这会造成我们不论做什么，都不能全力以赴。

我们必须明白，生活没有后手，在周密筹划一件事的时候，想到后路很重要，但在具体做这件事的时候，要当作这条后路并不存在。人在压力下才能够爆发出极大的潜力，所以，不要给自己留后手，是在逼迫自己，也是在激励自己。何况，事情的关键点只有一个，集中精力对待这一点才是最重要的。能够一次成型的事，不要做第二次，浪费了时间。一击即中永远是最快、最有效的行事方式。

从前有个法国青年兴趣很广，心得全无，他经常一头热地投入一项"事业"，却没有任何收获，为此他充满烦恼。他的父亲有个朋友，是著名昆虫学家法布尔，青年人决定向法布尔请教成就事业的秘诀。

"按照你说的话，你是一个对事业充满热忱的人，那么，说说你热爱的事业吧。"听了青年人的诉苦，法布尔问他。

"我酷爱文学，想要成为法兰西学院的诗人；我的小提琴拉得很好，以后有机会成为一个音乐家；更难得的是，我也喜欢自然，经常观察植物，想成为一个植物学家……"

法布尔打断年轻人的话，拿出一个凸透镜说："你说说，怎样通过这个凸透镜点燃一张白纸？"年轻人说："当然是将太阳光聚集在凸透镜的中心，一直对着一个点！"

"没错，现在你就是一个凸透镜，如果你不对准一个点，怎么能生火呢？"法布尔说。

故事里的青年爱好多多，却心得全无，犯了个眼高手低的毛病。法布尔让他找准一个点继续发展，因为每个人精力有限，只能把这些精力集中到一点上，才能有所成就。这也就是古语说的"有所为有所不为"。看到"不为"，是因为能够审时度势，有"不为"，才能竭尽全力有"所为"，这就是明智。

这个故事还可以进一步延伸，就是青年应该如何选择自己的事业。

不给自己留后手是一种勇气，但做人不能傻气，如果发现手里的箭不对劲，及时换掉很重要，不要射出一支根本不适合自己的箭。没有选对方向不可怕，可怕的是一直朝着错误的方向走。那样耽误的是自己的前程，甚至可能让自己一生都碌碌无为。

在众多选择中，选哪一个最好？明智的人都知道，要选最适合自己的那个，或者自己最喜欢的那个。最适合自己的，才能让自己一直保持高度的热情，容易取得成绩。最喜欢的，因为喜欢，就算没有成绩，也能无怨无悔——人生，最重要的不是抓住成绩，而是抓住心灵的满足，那才是真正的幸福。

让自己随时准备好

兰兰和小梅是一对好朋友，兰兰是护校生，小梅在职高读酒店管理。这天两个人在一起闲聊，兰兰说起她最近每晚都去打工，在一个英国人家里做钟点工，可是那个英国老太太十分挑剔，还经常纠正她的英文，让她烦不胜烦。

小梅却说："我认为这是一个好工作，就算工资低点，老太太挑剔点，如果能学到地道的英语，不是很值得吗？"兰兰说："你别逗了，还地道的英语呢，我准备今天就辞职。"

小梅没办法，只好说："那么，你愿意将这个工作让给我吗？"兰兰爽快地同意了。

小梅开始在英国人家里做钟点工，英国老太太比兰兰说的还要挑剔，不但纠正小梅的会话问题，就连小梅走路的姿势，她也看不顺眼，常常说她不符合淑女规范。每次老太太大发议论，小梅就会虚心请教，然后按照老太太的指示去做。久而久之，不但老太太喜欢她，她的口语、仪态、习惯都得到了规范。

两年后，靠着这些东西，职高毕业的小梅进入了一家跨国宾馆，经理说："你的口语和仪态，都不像是一个职高毕业的学生，相信你有机会进入英国总公司发展。"

同样一份工作，同样一个要求过多的雇主，有的人看到苛刻，有的人看到机会。看问题的时候，要看那些对自己有利的方面，不要太计较自己受到的"不公正待遇"，仔细衡量得失，就是明智的人看问题的方法。故事中的小梅靠着自己的勤奋和努力，不但得到了雇主的喜欢，还得到了求之不得的锻炼机会。能抓住机会的人，永远是幸运者。

任何事情都有两面性，即使是极大的困难，也藏着机遇的种子。比如，在工作中遇到了挑剔的上司，挑剔从另一个角度来看就是严格，严格的上司往往能造就优秀的下属。在明智的人看来，这就是机遇。有的人喜欢找那些清闲的事情做，有人偏去做那些困难的、看似无法完成的事。他们有意识地锻炼自己，明白在困难中能够学到更多的东西，得到更大的提升，所以他们能够抓住更多机遇，比那些贪图清闲的人走得更远。

对一个有事业心的人来说，机遇至关重要。有的时候，我们没有那么精准的眼光，不知道何时能够碰到机遇，也不知道如何抓住机会。但也不用因此悲观，有句名言说："机遇只青睐于那些准备好的人。"我们能做的就是当那个"准备好的人"。

一个部落在草原上迁徙，寻找新的家园。当他们在一座大山里跋涉时，一位老人出现在他们面前，对他们说："我是太白金星，你们的坚毅和虔诚让玉皇大帝感动，从现在开始，你们每个人都可以捡起地上的石头，这些石头会给你们带来好运。"

牧人们谁也不相信老人的话，何况在旅途中，捡一堆石头增加自己的负重是件傻事。牧民们认为老人在戏弄自己，只有几个人捡起一两块小石子放进口袋。

第二天早晨，牧民们惊奇地发现，那几个人口袋里的石头变成了名贵的宝石。他们一齐大呼，然后开始后悔：为什么昨天自己不捡一些宝石呢？

如何当一个"准备好的人"？最重要的是要懂得判断，抓住一切有用的东西。就拿上文的故事做例子，一群风尘仆仆的牧民很难相信几块石头能给自己带来好运，他们不肯增加自己行李的重量；从另一个角度想，几块石头能增加多少重量？其实根本不会给他们带来负担，姑且听之，拿上几块，能够带来运气，是赚到了，不能带来，也没有损失。

对他人说的话，不要轻信，也不要不信，找到让自己受益的方法，就是一种明智。在我们缺乏经验的时候，他人的指点既可能让我们受益，又可能让我们避免误入歧途。成功虽然不能复制，但我们必须多多参考那些成功者的经验，看看他们如何准备，如何面对机遇。

成功者在未成功之时，比其他人更踏实，也更埋头苦干，很少抱怨。他们最大的特点就是不论做什么，都要比别人多做一些，多知道一些，然后从中摸索经验，找出机遇。这个时候，他们已经充分做好准备，让自己更进一步。我们不需要完全重复成功者的道路，但一定要具备成功者的品格，在日复一日的努力中抓住最关键的机遇，看得更多，自然也走得更远。

对目标，分清"大"与"小"

猎人带年幼的儿子去打猎，在林子里抓到一只小鹿。猎人对儿子说："这只鹿可以留给你当宠物，现在你牵住它，乖乖在这里等我，我去找找有没有其他猎物。"

儿子很高兴，牵着小鹿等待父亲。谁知小鹿力气很大，竟然挣开绳子逃走了。儿子一路追赶，到了一条小河旁，再也看不到小鹿的踪影，他伤心地哭了起来。

晚上，猎人带着猎物回到原地，看到儿子哭得伤心，就问："小鹿呢？你哭什么？"儿子说："逃跑了，我怎么追也追不上。"猎人无奈地说："所以你就一直坐在这里哭吗？你知道吗，我刚刚看到一大群鹿在这边经过，如果你没有低着头哭个没完，就能拿起弓箭，再打好几只小鹿。你为了一只小鹿，失去了一个鹿群！"

因为一只小鹿失去整个鹿群，这种因小失大是最让人遗憾的。并非没有机会，也不是能力不够，仅仅是判断出现错误，或者太过重视眼前的东西，就造成了莫大的损失。会有这种情况，在于人们不能够随时随地认准自己的目标，或者人们把目标定得太小，标准定得太低，只盯着眼前的一点东西，看不到更大的利益。

凡事都有"小"与"大"之分，明智的人都有大局意识。大局，就是那些能够决定自己人生走向，奠定自己未来发展的事，这些事在人的一生中最具决定意义，必须牢牢抓住。在小事上，大局意识表现在人们能否透过眼前的利益看到背后的东西，是否会因为一时的状况不佳耽误到事情的进展。那些能够克制自己，服从目标的人，就是有大局意识的人，他们抓住的，基本是"大"，而目光短浅的人，只能得到"小"。

一对夫妻生活在一个山村，他们日出而作，日落而息。每天早晨，丈夫带着妻子头天晚上做好的饭去田里种地，妻子在家里织布、做饭、收拾房子，日子平凡而幸福。

有一天晚上，丈夫高兴地冲进屋子，对妻子说："我们发财了！我们发财了！"说着，他从衣服里拿出几个刻着彩色花纹的古董盘子。丈夫说："我在锄地的时候挖到了这些东西，听说前段日子官府正在追捕强盗，这一定是强盗偷偷埋在地里的。"

"这么说来，我们可以卖掉它们。"妻子说。

"不行，有可能这些东西是官府正在追缴的赃物。"丈夫深思熟虑地说，"现在不能卖。"

"那么，我们先把它们收起来吧。"妻子说。

"等等，我要仔细看看它们，它们一定值很多很多钱！"丈夫爱不释手地捧着盘子，琢磨了一个晚上。第二天，他躺在床上呼呼大睡，妻子催促他去干活，他说："我们就要发大财了，为什么要干活？"第三天、第四天、第五天……终于有一天，妻子忍无可忍，将盘子扔进村口的河里，盘子被流水冲走。她对丈夫说："别再做梦了！就算这些盘子真的值钱，你也不能因为几个盘子就不工作！赶快反省一下你都做了什么！明天照旧去地里干活！"

故事里的农夫就是一个分不清大小的人，他以为自己得到了意外的财富，为此连耕地都忘了，只顾着做白日梦。但他并不知道这笔财富的来源，也可能给他带来一场横祸。就算没有横祸，因为一笔钱改变了

历练 心有大格局，自有大境界

他勤劳的禀性，也是做人最大的损失。他的妻子是个明白人，知道最重要的是守住自己的本分，靠自己的双手劳作，她果断地扔掉了古董盘子，也扔掉了农夫的好逸恶劳，相对于农夫的一时贪念，妻子是明智的。

认准目标是成功的一个方面，不耽误目标则是另一方面。有些人能够认准目标，但是，当诱惑出现的时候，他们往往会改弦更张，这样的人同样不够明智。因为当人们认定一个目标时，那个目标代表了他的判断，很可能是最适合他的，如果一点诱惑就打消这个判断，此后心志就会越来越不坚定，越来越容易被诱惑，他们定下的目标就常常会被耽误。

想要做成一件事需要坚持，坚持那个关键点，才能不被微末的小事阻碍脚步。不必理会路边有多少值得尝试的事物，也不必因一时得失耿耿于怀。有的时候，死心眼一点也没什么不好，适当的固执，恰恰能够保证人们不会因小失大。

别犹豫，从没有最佳时机

狼妈妈觅食回家，发现两只小狼被绑在两棵树上。它心一慌，一定是有人类来过这里，将小狼绑在树上，是为了叫更多的人来将它们抓走。

"一定要趁人类回来之前救下孩子！"狼妈妈想。它开始努力地对着树上的绳子抓咬，正在抓一棵树，被绑在另一棵树上的小狼大叫起来。狼妈妈连忙跑到另一棵树旁，刚刚咬了一阵，那边的小狼又大哭着让妈妈来救自己。狼妈妈左右奔波，最后，它没有救下一只小狼，反倒被赶过来的猎人用网抓了起来。如果它能确定一个目标，集中用力，至少它能救下一个儿子，还能保住自己的平安。优柔寡断的结果，就是耽误时机，招致祸患。

狼妈妈发现孩子被人类抓住，它的心里未尝不知道时间有限，也许只能救一个孩子，但母子连心，它忍受不了另一个孩子凄惨的求救声，只能左右奔波。假设它能集中精力，尽快救下一个，然后母子齐心再救一个，未必不能成功。坏就坏在狼妈妈的犹豫耽误了时间，也错过了皆大欢喜的团圆机会。

我们经常因为犹豫错失良机，犹豫是我们常有的心理状态，有时表现为优柔寡断，游移不定；有时表现为左右为难，两边站不稳；有时表现为瞻前顾后，拿不定主意。人们为什么会犹豫？因为对自己的决定无法完全信任，他们总想着也许还有更好的方法，也许自己遗漏了什么。不能抓住关键点的人，总会拿无数个"可能"折磨自己。

在机会面前，在选择面前，我们需要冷静，需要明智，这样才能避免犹豫不决。我们总是想要将事情反复权衡，做到万无一失，但我们拥有的时间太少，容不得举棋不定，更容不得反反复复。更多的时候，我们需要果断，需要速战速决。也许我们还没有锻炼出在最短的时间做出最佳决策的那种能力，但至少我们要敢于做出决断，即使那决断是错的，也是一种锻炼，好过失去机会。

一个富翁爱酒，酒窖里藏了各种各样的好酒，其中一个罐里藏着世间罕见的老年分杜康，富翁自信就算是皇上的酒窖里，也没有这么好的货色。如此好酒，必须等到一个最佳时机打开，或者自斟自饮，或者与身份高贵的人一同品尝，富翁一直等待这个"最佳时机"。

历练

心有大格局，自有大境界

　　寒来暑往，几次富翁做大寿，都想打开这罐酒，每次下了决心随即犹豫："如果有更重要的时机呢？"有时家里来了尊贵的客人，富翁也想捧出这罐酒，但刚刚碰到瓷罐又对自己说："万一有更尊贵的客人来呢？"直到富翁死去，他也没能打开这罐酒。在他的葬礼上，他的儿子不明底里，将酒窖里的酒拿出来款待来宾。那罐珍贵的酒，也糊里糊涂地进了别人的肚子，谁也不知道它的价值。

　　富翁想等到一个最佳时机捧出他最珍贵的好酒，直到他死的那天，这个时机也没有出现。也许这个时机早就出现了，只是他没有看到，白白放过。其实"最佳"是一个主观色彩强烈的词，只要自己认定是最佳就可以，富翁等不到，是因为他心里一直不甘心白白喝掉一壶好酒。但好酒的价值在于品味，将它闲置，才是真正的浪费。

　　酒越存放越香醇，人却不然，世事更是如此。岁月经不起蹉跎，明智的人必须克制犹豫。犹豫的最显著表现就是等待，没有的人在等待，希望有一天能有好机会；拥有的人也在等待，希望得到更好的。等待的人怀着莫大希望，到最后却两手空空；没有的辜负了自身的条件，拥有的浪费了自己的所有物。因为不可知的未来，放弃了实实在在的当下，这就是糊涂。

　　不要为目标以外的事物犹豫，要牢牢抓住生命的意义所在。雄鹰的意义在于飞翔，不会在意翅膀上的羽毛是不是漂亮，做人也应如此。心有旁骛就会浪费天生的才能，在最恰当的时候，做最恰当的事，不要犹豫。正如人们常说："花开堪折直须折，莫待无花空折枝。"

天堂地狱，一念之间

有个青年去拜访山间智者，询问极乐世界与地狱分别都在哪里。智者说："极乐与地狱，都在我们心间。"青年摇头表示不解。

智者突然开始咒骂这个青年，他的言语恶毒，青年大吃一惊，连忙询问智者是否不舒服。没想到智者越骂越过分，说青年是个一事无成的纨绔子弟，竟然还不知好歹地来拜访自己，真是脏了自家的地板。青年再也遏制不住自己的怒火，挥拳向智者打去。智者连连躲闪，对青年说："现在你是在地狱呢，还是在极乐世界？"

青年冷静下来，想起自己刚才面目狰狞，可不就是像地狱中的恶鬼？而想通后的自己面容祥和，难道不像是在极乐世界？可见地狱与极乐，的确就在人的一念之间。

智者说，地狱和极乐都在我们心间。当你愿意用一颗开朗温和的心面对别人，世界就是天堂；如果心中充满怨恨与不忿，世界就是地狱。我们不论做多少事，都是为了满足心灵的需要，换言之，为了使我们的心犹如置于天堂。选择天堂还是地狱，都在我们一念之间，这个"一念"非常重要，它决定了我们的心情，影响着我们的生活。

每一天我们都有很多念头，与人相处时，如果存有善念，就会使二人的关系向着好的方向发展；反之，则可能结下仇恨。我们能掌握住的不过是意念浮动的那一刻，如何才能保持对人的友善？要记得对他人友善就是对自己宽容。不论天堂或地狱，离不开他人的态度，何必与人纷争不休？人与人相处最关键的并不是冲突，而是共存的愿望。

　　既然是同一个念头，为什么不让自己多想一些善念？善良的人因为内心有光明，才能在看穿世事之时仍然保留自己的梦想，保留对他人的信任。对于一个生命来说，什么是关键？人心的纯洁就是关键。守住内心的单纯，生活就是天堂，至少自己能够筑起一个天堂。在这个天堂里，人与人的关系更多的是牵挂，即使有辛苦，有极大的艰难，也不会觉得心累。

　　一头驴一生为主人操劳，老了以后，主人心善，希望它颐养天年，就不再让它干重活，每天拉点不沉的货物，大部分时间，放它在家里悠闲度日。这一天，驴子老眼昏花，掉进路边的一口枯井中。枯井很深，驴子跃不出去，主人也碰不到驴子，井外的人无计可施。

　　驴子在井中抱怨自己太不小心，听到井外主人唤着它的名字，禁不住一阵难过。主人实在没有办法，驴子也知道自己出不了这口井，看来只能死在这里。

　　第二天，主人拿铁锹将井周围的土填到井里，驴子以为主人要埋了自己，万念俱灰，闭上眼等死。突然，它想到主人的慈爱，想到自己的朋友们，它越来越不想死，就睁开眼睛拼命想办法。土不断落在它肩上，它灵机一动，将土踩在脚下，没多久，井被填满，驴子也顺利脱险。它有点后怕，幸好自己没有放弃一线生机，不然，这口井就是自己的棺材！

　　生与死有时也在一念之间。故事中的驴子可谓"置之死地而后生"，它没有放弃一线生机，于是得到了转机，这样的"一念"是福音，驴子抓住了这个机会。那些自怨自艾，无所作为，任由自己消沉的是不智之人；能够将劣势转化为优势，凭借自己的努力扭转局势的人，就是明智之人。生死一线之间，明智，就是对生命的不放弃。

让我们重新审视一下"明智"这个词，明与智，明在前，智在后，明就是光明，即使身边一团黑暗，看不到转机与希望，也要相信一切皆有可能，只要坚持，就有希望。明智者会把阴影留在身后，相信光明就在前方。在行事之时，明辨是非，看准时机和关节；在独处之时，反思自己，尽量做到克制与从容。人生道路漫长，每个人都要学会抓住那些最重要的东西，舍弃那些不必要的枝枝蔓蔓。

每个人在内心深处都有两个愿望，一是成功，二是内心的充实，二者都要靠着一颗明慧的头脑才能得到。做事，要抓住事情的关键，做人，要抓住性格的关键。那些懂得善待自己，不迷惑，不倾斜，端正地走自己道路的人，就是聪慧的明智者。

历练
心有大格局，
自有大境界

第四辑
凡事皆有极矛盾之时，看得透的便是悟者

万事存在矛盾，事与事、人与人、人与事有时如乱麻一团，剪不断，理还乱，让人们头痛不已。唯有及时看透情境变化，调整自己的思路，才能做出成绩。

大格局者明了自己的境地，坚持自己的主张，尊重自己的对手。变通自己的行事方法，才能于矛盾处求出路、求发展。领悟矛盾，便是领悟如何生活，如何做人做事。

世事如棋，悟者不乱

在一次大学生智力竞赛上，一个大一新生的表现引人注目，她已经进到了决赛。在知识提问环节，主持人问："请回答，三纲五常的'三纲'指的是什么？"

"臣为君纲，子为父纲，妻为夫纲。"女孩回答得胸有成竹，现场观众哄堂大笑。女孩这才发觉自己的答案刚好把关系说颠倒了。她临危不乱，一本正经地说："我回答的是'新三纲'，在我们国家，不管官位多大，都是人民公仆；每家只有一个孩子，都是家里的小太阳，父亲母亲围着转；女性地位越来越高，很多家庭都是妻子当家——你们说，我

答错了吗？"

观众又一次哄堂大笑，并对女孩的机智报以热烈的掌声。在评委的示意下，主持人宣布这位女孩顺利过关。

意料之外情理之中的答案，使一时的口误成了顺利过关的"脑筋急转弯"，比起旁人，将事情看透的人更易急中生智。就拿故事中的女孩来说，她不纠结于答案是否标准，因为观众想看的并不是标准答案，而是选手们的智力究竟如何。智力不仅包括记忆力、应变能力，更是智商的反映。随口说一个"新三纲五常"，更能证明自己是真聪明，并非书呆子。能够将情境看透，不拘泥于成规，最后得到成绩，这就是悟性。

有悟性的人不会手忙脚乱，经不起场面。不论是小场面还是大场面，有人的地方就有矛盾：人们各自的脾气禀性、志向爱好都不同，凑在一起就会有纷争。更多的时候，每个人的利益点也不同，与他人的利益难免发生冲突，更会引发矛盾。什么样的人能在矛盾重重的情况下气定神闲？那就是有悟性的聪明人。

有悟性的人不会神志昏乱，经不起风波。不论遇到的矛盾是难以解决的问题、尴尬的场面，还是与人交手时的见招拆招，他们明白要随时保持清醒的头脑，要看得透矛盾不算什么，尴尬也不算什么。只要这些矛盾、尴尬不是最重要的，一切都能解决。

一位省级领导去一个县城视察工作，当他在一所重点小学发表演讲时，一个小学生手里的手机突然飞上讲台，差点砸中领导的头。在场的校长、老师大惊失色，领导随即叫那个孩子走上讲台。

那孩子并不是有意要砸领导，他是在和朋友吵架，情急之下动的手，没想到手机飞了出去。此时孩子战战兢兢，不敢开口解释，领导却笑呵呵地问他："你叫什么名字？几年级了？"等到孩子回答后他又对全校师生说："这位 ×× 同学在那么远的地方，手机投得这样有力气，我看他以后一定能成为优秀的标枪运动员！"全场人哈哈大笑，一场风波消弭于无形。

幽默是能够消弭陌生感的最佳武器，也是化解矛盾的良方。故事里，孩子的行为让领导没面子，领导却没把这个"面子"当回事。在领导看来，讲话才是最主要的，他有本事把瞬间发生的意外当作脚踏板，让在场的师生对自己印象更好，也给看到这件事的人留下一个宽容幽默的印象，这对他没什么损失——如此行事，就是悟者。

在人们眼里，多数事看着都是矛盾，如何把事情看透？我们从小就学习的矛盾论其实是个很有用处的东西，它告诉我们要抓住最主要的矛盾，也就是你最在意的方面。看得透这一点，其余的皆可不在意，就算做不到纹丝不动，也能保证不因意外乱了阵脚，还能够再进一步，将这矛盾向有利于自己的方向转变，把矛盾转化为有利条件。

看透矛盾需要一颗平静的心，不论发生什么情况，都能审时度势，因为情境变了，矛盾也跟着变，只有一颗平静的心才能以不变应万变。那些内心波澜不起，遇事又能因境而变、随情而行的人，既是心灵的悟者，又是处世的高手。

对手打败你，也在成就你

在广袤的非洲草原，有数不清的羚羊每日在草丛中奔跑觅食，有时，它们会被草原上的狮子抓到，成为狮子的食物。

一个部落首领看到这种情况，认为无害的羚羊很可怜，他带着部落里的人民捕杀了方圆千里的所有狮子。从此，羚羊高枕无忧，每天悠闲地在草地上散步。

可没过几年，附近的人们发现这里的羚羊变得呆头呆脑，每天好吃懒做，再也没有矫健的身手，很多羚羊甚至变得病病歪歪。部落首领想不通为何出现这种情况。一个有智慧的老人说："没有对手，就没有竞争；没有竞争，动物就会懒惰。只有狮子才能唤起羚羊的能力。"

首领去其他部落的土地上弄来几只狮子，那些死气沉沉的羚羊一开始相当惊慌，没过多久，果然变得朝气蓬勃，恢复了昔日的体魄。

在我们的人生道路上，有一类人是我们不愿面对却又不能回避的。每当你取得成绩，却发现跟某些人相比，自己还有很大差距，这成绩也来得不开心；每当你失去一个机会，会发现某些人正将这机会握在手中，你羡慕也没有用。这类人就是我们的对手，在人生的每一个阶段，他们都会出现，他们让我们头疼，却也让我们警醒，发现自己所做的远远不够。

对手能让我们更好地磨砺自己。就像故事中的羚羊和狮子，没有狮子，羚羊就会懒惰，就会退化，有了狮子它们才会不停地锻炼自己。

为了生存，我们也要不断地磨炼自己。这个时候，仅仅有意志力是不够的，还需要有人在身边不断叮嘱，但叮嘱的人比不上那些打败你的人，只有打败你的人，或者威胁你的人，才能让你学会真正的认真和用心。

我们的成就离不开对手。有悟性的人明白对手的重要，他们会利用对手来激励自己，他们暂时不去看那些太过遥远的大目标，只盯着和自己走同一条路的小目标，不断弥补与他们的差距。如此一来，就能经常察觉到自己的进步，让自己有更强的进取心。

17 岁的阿谈是业余网球爱好者，在市里小有名气。他有一个竞争对手叫吴瑞，比赛中只要遇到这个吴瑞，他必输无疑。阿谈为此大伤脑筋，每次想到自己的败绩，都很沮丧。

阿谈的姐姐阿颖知道弟弟的心病，就对他说："有个对手是好事，你想不想打败吴瑞？"阿谈点头。阿颖说："那你就经常看他的比赛，经常观察他，把他的绝招都学来。最好还能和他成为朋友，经常切磋，这样才能让你更好地发展。"

此后阿谈果然经常跟吴瑞切磋，吴瑞的比赛他每场必看，他观察吴瑞的动作，比自己好的，阿谈立刻模仿，同时也记下吴瑞的弱点。不到半年，阿谈的球技大有进步，已经能和吴瑞打个平手，他请姐姐吃饭作为感谢。

"那你想不想打得更好？"阿颖问。阿谈如今打心底里佩服姐姐，连连点头。阿颖说："那你就把你发现的吴瑞的弱点、缺点全都告诉他，这样你们才能成为真正的朋友。"

阿谈照阿颖的话去做，吴瑞大为感动，也将他平日观察到的阿谈的错误一一告知，二人从此成了知己，经常一同练球。后来，他们都进了市里的网球队，作为代表参加全国比赛。

最聪明的人会把对手变为朋友，阿颖就是这样一个人。她教导弟弟接近对手、学习对手、超越对手，最后与对手成为朋友，共同进步，一切都是为了自己更好地发展。不必认为向对手请教是件丢脸的事，也不必担心对手会倨傲地拒绝你，多数人都希望与人为善，共同发展。只有少数狂妄的人才会故步自封，拒绝交流，我们不能做这样的狂妄者。

想要把对手变为朋友，首先要承认对手的价值。夸奖自己的对手并不是贬低自己，而是对事实的尊重。试想如果你的对手是一个不起眼的人，胜利有什么快感？只有打败那些拥有雄厚实力的人，胜利才有滋味。或者说，败在那些有实力的人手下，也不是那么丢脸。

有悟性的人感激对手的存在，因为他们的挑战，我们能够更加了解自己，不论是优势还是弱点，在对手的映衬下，都变得纤毫毕见。好的对手是我们的镜子，照出真实的自己，让自己知道如何进步，为何进步。看得透的你应该知道，那个站在你前面的人并不是你的敌人，他们只是你前进的目标。也许有一天，他们会成为你的朋友，从此相互扶持，风雨同舟。

打破僵化的思维

变通是一种思考方式，也是一种做事手段。有了困难就要想办法解决，老办法解决不了的矛盾，就寻找新办法。就像爱迪生发明灯泡，灯芯的材料要一次一次地试，铁丝不行就用铝丝试，铝丝不行就用钢丝试，总有一天会把最合适的钨丝试出来，这就是变通。如果爱迪生死脑筋，认准了铁丝，火烧不成用水煮，水煮不行用烟熏，盯着铁丝不肯放手，就算再勤奋，灯泡也亮不起来，这就是不知变通。

我们之所以害怕新办法，是因为对老一套有严重的心理依赖，就像用惯了拐杖的人，一旦离开旧拐杖就不会走路，不相信新拐杖比旧的更好。有时候要让自己想开一些，矛盾为什么解决不了，就是因为用错了方法，如果不把方法改掉，困难就会一直在。想要解决现实中的问题，先要解决精神上的守旧，学会变通。

一个年轻人进入杂志社工作，他遇到的第一个难题是约稿子。著名作家的稿子很难约，他只能硬着头皮一次次打电话，或者登门拜访。每一次他得到的都是"抱歉"、"下次有机会合作"等答复。

这一天，年轻人去拜访一个老诗人。老诗人显然是经常遇到这样的约稿者，脸上露出了不耐烦的神色。他匆匆与年轻人说了几句话，就露出了逐客的意思。

年轻人也对这次约稿不抱太大希望，他对那位诗人说："虽然没有约到您的稿子，但能看到您，我很高兴。我从小就很喜欢您的诗歌，一直想要见见您。"说着，年轻人背诵了一首诗人年轻时写的诗。老诗人听了，大为感动，握着年轻人的手说："我真没想到，这一代的年轻人还会真正喜欢我的诗歌。我这里有一些刚刚完成的作品，你看一看，喜欢的就拿回去吧！"年轻人没想到自己几句感叹，会出现这样的转折。

在困难面前，不但要能屈能伸，有耐心有决心，还要能弯能折。故事里的年轻人很幸运，他在刚刚工作的时候就上了一堂生动的人生课，让他懂得在死胡同面前要转弯的艺术。转弯就是转机，达到目的的方式不止一种，约稿不成可以谈谈作品，没准就能谈成，就算谈不成，也给人留下个好印象。

陆游有这样一句诗："山重水复疑无路，柳暗花明又一村。"这句诗包含着人生的哲理：转换方向，绝路也可变成坦途。如何转弯？转弯就是在事物的矛盾中抓住突破口，最主要的方法是打破常规思维。就拿送礼物来说，别人都送花，你送个雅致的小盆栽，这份别出心裁就更能让收礼人喜欢。

面对矛盾，我们都要修炼出一种变通的心态：一定要打破僵化的思维，不要死钻牛角尖，寻找捷径并不是偷懒，"曲线救国"也不是要心机，只要能够将矛盾解决的办法就是好办法。遇到困难的时候，一定要知道自己已身在死胡同，尽快换一条路，才是悟者的选择。

压抑自我，不如一吐为快

一个理发师最近愁眉不展，他是国王专用的理发师，他知道一个惊天的秘密：国王长着一双驴耳朵。他知道如果将这件事告诉第二个人，国王一定会杀了他。

人的心里一旦有秘密就会有倾诉的欲望，理发师没办法，只好在花园里挖了个洞，把这件事告诉那个洞。没想到几年后，那个地方长出一棵树，树上的每片叶子都大叫："国王长了驴耳朵！国王长了驴耳朵！"这下子，全国人都知道了这个秘密。

理发师战战兢兢去见国王，发誓自己并没有把这件事告诉任何人，国王却说："反正现在全国人都知道了，我倒像是放下了心里的一块石头，仔细想想，我的耳朵的确长了点，但这有什么关系？我仍然是个好国王！"从此以后，国王和理发师都不再郁闷。

理发师知道了一个秘密，他憋在心里成了心病，国王心里也有秘密，直到被人知道才能放下心中重担。压抑的时候，不论是寻常百姓还是国王贵族，都需要一次倾诉。倾诉能够让人排解心中的不满，得到他人的关怀和安慰，也许还会得到解决事情的有益启示。

每个人都会有心里觉得压抑的时候，适当地压抑自己不会有什么影响，但一旦压抑过度，太多的矛盾压在心里就成了烦恼。烦恼过重，头脑就不能专一，做一件事的时候也会想着另外的事，极大地影响办事效率。心中有压力的时候，情绪就会不稳定，不但影响判断力，还会影响与他人的关系，让他人也承受同样的压力，并为此恼怒。

解除压力的最好方法是发泄。同为发泄，有人选择向他人发脾气，宣泄了自己的不满，却让他人成了出气筒，这种方法不可取；还有人选择疯狂购物、过度运动来转移注意力，这种非理性的行为虽然得到一时的痛快，却也会给自己造成不小的损失。最恰当的发泄方式是倾诉，倾诉是在为心灵减压。当你向一个值得信任的人倾诉出来，也许你自己就会发现事情没有那么严重，不用别人安慰，你就能走出低谷。

美国内战的时候，林肯总统每日心焦如焚。但他是总统，要当指挥若定的统帅，不能让部下们看出自己忧心。在人前，他是一副胸有成竹的模样；在人后，他却极度苦闷，一肚子的话无法对人说，想要发泄又不能表露自己的情绪。

终于有一天，林肯知道心里的事再不倾诉出来就会压垮自己，他写信给自己从前的一位老邻居，请他来白宫做客。邻居很快赶到华盛顿，林肯与他进行了一次长达几个小时的谈话。邻居原本以为林肯有事要找自己，但他发现林肯在诉说的时候并不需要他的意见。老人明白，林肯不需要找人商量什么，他只需要一个友善的、值得信任的倾听者。

会谈结束了，林肯露出了轻松的表情。老人知道这一次倾诉，减轻了总统的很多压力。

有时候我们倾诉，并不一定需要得到什么建议，其实我们对自己在做什么，如何做下去，会得到什么结果比任何人都清楚。我们需要的仅仅是减轻自己的压力。就像故事中的林肯，他对南北战争的局势了若指掌，却仍然需要一个人倾听他的烦恼缓解内心的苦闷。也许我们都需要一个审视自己的机会，倾诉，正为我们提供了这个机会。

在发达国家，心理医生是一个流行的行业，很多专业有素质的心理医生每天做的不是治病，只是倾听别人的烦恼；而那些来心理诊所的人并不是病人，他们仅仅需要一个倾诉渠道，用以缓解自己的压力。所以，我国有学者说："人人都需要心理医生。"并不是每个人都有病，而是每个人都不应该过分地压抑自己，要努力保持自己身心的健康。

看不透的时候不妨说出来，旁观者清；觉得累的时候不妨说出来，找点依靠；压力大的时候更要说出来，因为人的承受能力有限。妥善选择你的倾诉对象，他应该是温和的、友善的、值得信赖的，最好能够有比你更多的阅历。当你实在找不到合适的倾诉对象时，还可以试一下和自己说话，自言自语有时也可以是一种快乐。处境矛盾的人最容易疲惫，也最容易有压力，这时候，与其压抑自己，不如一吐为快。

害怕品评，是输给了自己

人心之大不必畏惧人言，心有多大舞台就有多大。禅师说正殿不必驱赶野鸟，因为能够纳物方为大善与大用，挑剔只会显得一个人气量狭小。有时候我们需要海纳百川的心胸，既要容纳旁人的赞誉，更要容纳旁人的不理解与非议。

人与人性情不同，没有人能够完全了解你，很少有人能够毫无保留地欣赏、接受另一个人，这时候就会产生矛盾。如果涉及利益关系，矛盾就会升级。如果双方寸步不让，就会变为敌视甚至仇恨。当矛盾加深到不能解决的程度，就会以激烈的方式爆发。所以，看得开的人总是避免激化矛盾、滋生事端。

常言道祸从口出，有时候也可以说祸从耳入。我们常常很在意他人对自己的看法，想要知道他人在背后如何议论自己，以此来判断自己的地位，甚至决定自己和他人的亲疏关系。但要知道，有时候他人只是一句无心话，如果你听到后念念不忘，就是为难了你自己。有时候他人说话有口无心，你若斤斤计较，倒显得没有气量。

有个男孩天生一副好嗓子，听过他唱歌的人都说他今后能当歌唱家，他小时候也曾做过当歌唱家的梦。可是，十几年过去了，他依然是个普通人。当同学们一起去唱卡拉 OK，听到他的声音，都不解地问："你有这样好的嗓子，怎么能浪费？就算当一个偶像歌手也好过做个普通大学生吧？"

男孩却有自己的苦衷，他小时候就参加过不少歌手大赛，可是每当面对评委和观众，他立刻紧张得忘记了歌曲的调子。这种事发生的多了，他就放弃了当歌唱家的念头。

有个老教授听说了这件事，就找来男孩问他："你到底怕什么？"男孩说："我担心自己唱的歌不合评委的心意。"老教授说："你唱歌的时候不想着歌曲，却想着别人的眼光，难怪你唱不好歌。你不克服这个问题，能做好什么事呢？"

太在乎他人的品评，就会导致自己做事总以他人为标准，强迫自己迎合他人的喜好。就像故事里的男孩，唱歌的时候本来是要传达内心的感情，他唱歌的时候却不想歌词曲调，总想着他人会不会笑话，表现出来的都是胆怯，哪里能让听众满意？事实上，他的实力并不差，他害怕别人，其实是输给了自己。

归根结底，矛盾不是别人和自己过不去，是我们自己和自己过不去。因为过于在意，成了心病，左右了我们的意念和行动。过分在意他人的眼光，他人就成了我们的绊脚石。如果将他们当作榜样，让我们以此为目标前进倒还不错，最怕的却是你只在意他人说了什么，埋怨自己没有做好闹了笑话，不再完整地审视自己，而是一味按照他人的说法做调整。

活在别人眼光中的人，终究会沦为他人的附属品。试想，一个人有着他人的喜好，做着他人喜欢的事，所有时间都在揣摩他人的心思，不论他与他人友好或者对立，都不再拥有自我，他会疑神疑鬼，终日不安。心病难解，但如果人们能解决自身的心结，矛盾也就变得简单透彻，我们需要知道，要克服的困难不是他人一句话，而是我们自身的缺点。只有凡事想着自己，琢磨自己，才能有真正的自我，真正的生活。

第五辑
凡事皆有极寂寞之时，耐得住的便是逸者

人生有追求便有寂寞，王国维说人要做事业，要望尽天涯，衣带渐宽，众里相寻，这都是寂寞而又苦闷的体验。但也正是寂寞，成就了人们的深思、独立、坚韧、自如。

为大格局者，耐得住寂寞，守得住信念。不因一时的无助而放弃，不因一时的失意而失志，不因无人理解而降低自己，这才是超脱之人、飘逸之人。

生命常寂，逸者常思

人生在世，每个人都会面对寂寞，哲人说寂寞是人生的常态。父母养育疼爱我们，但他们无法替我们走完人生道路，因为思维方式的不同，他们只能按照自己的思维来疼爱我们，未必理解我们的心理；朋友理解、支持我们，但朋友有自己的生活，不能够时时刻刻陪伴我们，何况个性不同，也难免有矛盾产生；爱人是我们最亲近的人，但人与人本质不同，一个人无法完全认同另一个人……所以，人生的本质是孤独的。

多数人害怕孤独，一旦他们落了单，就产生一种被遗弃的心理，认为自己是个可怜的人。只有少数人才能真正接受孤独，他们能够习惯

独处，在独处的时候思考人生、思考生活，这就是一种修为，借此能够领悟禅意。只有在远离喧嚣的清静场合，才能够真正做到抛离外物。否则，熙熙攘攘，没有片刻安宁，思绪总是纷杂，如何深入思考？

一个国王将独子送到一位智者门下，希望他将王子教导成优秀的接班人。智者答应了国王的请求。国王走后，智者对王子说："万物才是人最好的老师，请您立刻去森林里居住。"王子在智者的安排下，住进了森林。

一年过去了，智者去看望王子，他问："您每天除了读书，有没有听到什么声音？"

"我听到了流水的声音、风的声音，还有鸟的叫声……"王子回答。

"请您继续留心森林中的声音。"智者说完告辞而去。

又一年过去了，智者又一次去看望王子，问了相同的问题，王子说："当我独自一人时，我听到了大地苏醒的声音、小草呼吸的声音、鲜花汲水的声音……"

"恭喜您，您已经懂得了万物的智慧，懂得了独处和静思的妙处。现在您即使处于红尘之中，也能够保持这样的心境，您一定可以成为优秀的国王。"智者说。

王子在智者门下学习，智者教他的并非治国之道，而是如何独处。智者深谋远虑，他知道人生而孤独，而国君无疑是芸芸众生中最孤独的一个，肩负重担，还要随时防范身边的人。如果不能在年少时学习体味孤独，等王子成为国王，他如何面对更加巨大的孤独感？此时的王子学会了聆听万物的语言，等他成为国君，自然也会在日常生活中寻找相似的乐趣。

独处也可以是一种乐趣。与人相处，你的注意力在身边的人身上，只有独处的时候，你的眼界才会放宽，看到更广阔的天地。在与人交谈时，你担心会对他人失礼，无法仔细看看头上飞的鸟、院子里开的花；只有一个人的时候，你想看什么就看什么，喜欢做什么就做什么，没有人妨碍，也不必忌讳他人，这就是一种自由。

学着独处就是学着享受心灵的自由，而自由的心灵最适合深思，为什么那些常常独处的人对事物的见解更加独到？就是因为他们有机会深入地分析事物，不被他人影响，也不被外界因素干扰，由此才能得出自己的判断。寂寞并不是坏事，也许它让你失去了一些喧哗热闹，却能给你更多的启迪、更多的智慧。

接受自己，就要接受寂寞

一个旅行团在大漠中遇险，因为出现风沙天气，救援队很难找到遇险人员，直到半个月后，才遇到一个生还的男人。男人遗憾地说："除我之外，其他人都已经遇难了。"

"哦，这真是太让人遗憾了。"救援队员连忙给这位先生递上水和食物。这个男人说："其实沙暴结束后，还有三个人活下来，但他们眼看其他人被埋在黄沙之下，不能接受这残忍的现实，所以越来越害怕，再加上饥饿和缺水，他们也都一个接一个死去了。"

"那么，您真是个幸运者！"救援人员说。

"我也经受着死亡即将来临的孤独，几次想到放弃。但我看到沙漠上生长的仙人掌，在这样恶劣的环境中也能生存，我就鼓励自己接受现状，继续努力行走。最终克服了恐惧，找到了你们！"男人兴奋地说。

有人说死亡不是最可怕的，一个人等死才最可怕。因为死亡就像一团阴影一样慢慢侵蚀，等待的人无能为力，只会越来越绝望。有些绝境中的人害怕的并不是死亡，而是死亡来临前的寂寞。他们不是被死亡带走，而是被寂寞击垮。

不能接受寂寞的人有一个弱点，他们在心理上对他人、对外界有极强的依赖性，他们不能失去旁人的陪伴，否则就会变得缩手缩脚。这件事并不难理解，一个人在大环境面前总是显得渺小，人类天生就有群居性，习惯以团体的力量对抗困难。但也要知道，不是任何时候我们都能找到团体，更多的时候，我们只能依靠自己。

有时候，害怕寂寞的人是因为不够自信。他们害怕自己面对困难，总希望身边有个人拿个主意让自己参考；他们不愿意独自去面对风雨，总希望有个人能相互搀扶；他们无法习惯自言自语，只要身边还有个人和自己说话，即使是自己不喜欢的人，也能让他们安心。人们的存在感总建立在他人认同的基础上，如果没有他人，自己的能力、智力就不再有意义。这样的人忘了一件重要的事：生命和生活是自己的，不是别人的，想要接受自己，就要接受寂寞。

方先生是电脑公司的技术人员，去年被调到德国工作。方先生不会德语，到了德国后虽然工作上有翻译帮忙，生活上却遇到了很大困难。他没有朋友，也没法和周围的人沟通，每周的户外活动就是去一次超市。渐渐地，他越来越受不了异国生活，每天只想着调回中国。

国内的朋友听说这件事，劝他出去走走，并说："我记得你喜欢画画，德国风景好，不如你多去写生吧。"方先生认为这不失为一个打发时间的办法，周日就拿起画板外出写生。

德国的风景果然不错，碧青湖水，芳草如茵，还有庄严的古堡、幽静的森林，这样的景致在国内无法看到。方先生找到了精神寄托，从此每逢休息日，就拿着画板寻找美景作画。三年后，方先生回到国内，朋友们都说："我们以为你在国外会十分无聊，没想到你画了这么多风景画，看起来你过得不错！"

"的确不错。"方先生说，"虽然我仍然没学会德语，但我学会了如何独处，享受自我。"

最初，独自在异国生活的方先生是一个害怕寂寞的人，等到有一天他接受了寂寞，开始与寂寞和解，他就能够享受到寂寞带来的乐趣。寂寞能够让人成熟，让我们对生活有更深刻的认识，也能让我们发现很多平日不曾发现的东西，并从中找到情趣。寂寞，其实能够让人更好地融入更大的环境，享受更多的东西。

如何享受寂寞？要善于调节自己的情绪，发现生活的闪光点。寂寞的时候，我们难免沉浸在某种情绪里。如果那情绪是悲苦的，寂寞也就变成了自我煎熬，毫无乐趣可言；但那情绪若是明朗的，我们就能像故事中的方先生那样，不断发现身边的美，并产生互动。当一颗心沉浸在对美的欣赏中，不论什么样的生活，都可以变得情趣盎然。

另外，寂寞让人懂得珍惜。寂寞的时候，人们会怀念往日的美好，怀念起生命中那些温暖的回忆。这也是寂寞的另一种快乐，让我们更加知足，懂得感恩。寂寞也能让我们学会反省过去的缺点，今后对自己有更加严格的要求。寂寞让我们看到了自己的价值，让我们以旁观者的身份审视生命的一切。倘若有人能将寂寞变为一种享受，他就懂得了生活，也懂得了生命真正的含义。

做最好的自己

春秋末期，很多百姓为了躲避战乱，逃进深山。一个农夫用斧头伐木，为家人盖了一座房子，又开垦山间平地，种下庄稼。

一天，农夫正在劳动，突然有人来告诉他："赶快回家！你家的房子被火烧了！"农夫急急忙忙跑回家，辛苦盖成的房子已经化为灰烬，他拉住邻居焦急地问："我的家人在不在里边？"邻人说："他们都在后山，什么事也没有。"农夫松了口气，又在烧毁的房子里翻来翻去，翻出一把斧头，兴奋地说："太好了！斧头没有烧掉！只要安个木柄，以后还能用！"

邻人们不解地问："房子都被烧光了，你为什么还这么高兴？"农夫说："虽然房子烧光了，但我的家人平安无事，就连我的斧子也没事。很快，我就能用它再为我的家人建一个更好的房子，我为什么不高兴呢？"

逃难的农夫刚刚建了新居就遇到火灾，但农夫却不灰心也不抱怨，他的心中始终想着最重要的东西。比起一座房子，家人的安全最重要，谋生的能力最重要。试想一下，如果家人出了意外，就算房子是好的又有什么用？唯有保住内心最牵挂的人和自己最重要的能力，只要还有双手，就能为未来的生活奋斗，一切皆有可能。

生命中最重要的东西是什么？每个人都有不同的答案，有人为理想而活，有人为爱情而活。人各有志，志向没有高低之分。但有的时候，我们会被世俗的观念迷惑，忽略了最重要的东西。我们常看到父母为金钱奔波，忽略了孩子的教育。他们的初衷是为了孩子能有更好的条件，可是他们的孩子并不领会，更希望父母有更多的时间陪伴自己、关心自己。

人们总是追求浮名和热闹，不甘于平凡的生活和平常的感情，因为平凡难免寂寞，浮华意味着热闹与受人瞩目，却不知生命中最重要的东西往往与浮华无关，而恰恰是那些最平常最普通的东西。一味追求热闹并不是错，但因此耽误了那些真正重要的，终究会是自己的损失。

玛丽是个有点自卑的女孩，她总是觉得自己不够漂亮。比起同龄的女孩子，玛丽少了一份活泼开朗。在女孩子们参加舞会的时候，她常常窝在家里看书。

圣诞节那天，妈妈送给玛丽一个漂亮的发卡。那发卡是亮丽的橙黄色，做成蝴蝶的形状，镶了明亮的碎钻，在灯光下闪闪发光。玛丽一下子被这个发卡吸引了，她觉得只要戴上这个发卡，她一定能够吸引别人的目光，她决定戴着它去参加圣诞舞会。

舞会很顺利，大家都夸玛丽很漂亮，有很多受欢迎的男生主动来请玛丽跳舞，还殷勤地问她的电话。玛丽一下子对自己有了信心，她相信，这都是那个发卡的魔力。

玛丽开心地回到家，妈妈对她说：“你回来了？你真是粗心，我那么费心帮你买了发卡，你竟然忘记别在头上。”玛丽这才明白，有魔力的不是发卡，而是对自己的肯定。

在寂寞中，人们会产生自哀自怜的情绪，甚至会变得自卑无助。故事中的玛丽就是一个自卑的女孩，她竟然认为自己的美丽来自于一个发卡。生命中最重要的东西就是自我的存在，而这个存在需要自信。没有自信，向日葵就会低下头，露出光秃秃的茎秆，不再美丽，也不能吸引别人的目光。这对自己、对他人都是莫大的损失。

对自己要有一份正确的认识，建立对自己的绝对信心。要建立自信就要善于发现自己的优点，多多鼓励自己，欣赏自己。不要只把那些被人羡慕的东西当作优点，也不要只盯着那些和功利性有关的成绩、地位、外貌等，有时候一双会插花的巧手、一笔好字、一个好手艺都可以成为你的优势。没有人生来一无是处，只要你愿意发现，愿意培养，总能找到。

即使现在不那么完美也不要紧，我们还能努力让自己变得更好。没有人天生什么都会，全靠后天的学习。即使你认为现在的自己没有什么特长，也可以靠着努力建立自身的优势。最重要的是，要相信自己，克服自卑，才能无惧他人的目光，不被他人影响，做最好的自己。

耐得住失败，慢慢积淀

比利是一个保险推销员，他的成绩令同行们刮目相看。有人总结他成功的经验：比如，优秀的口才、细致的服务、整洁的仪容等等。但是，当其他推销员按照他的方法去做，却不能取得和他一样的成绩。他们百思不得其解，只好向比利请教。

比利很大方，他拿出一个本子说："这里面就是我成功的秘密。但我认为这对各位没有多大帮助，只有这个方法各位可以参考。"

众人翻开本子一看，原来本子上记录的都是比利推销保险时所犯的错误，还有他想到的改进方法，这些东西写了整整一本子。推销员们恍然大悟，与其向别人学习，不如从自己的错误中吸取经验，这才是最有效的学习方法。

人们在什么时候最寂寞？失败的时候。当自己的努力化为泡影，那种灰心丧气的感觉最让人难受。失败会让人不再相信自己，对自己的人生和理想产生怀疑，对自己掌握的知识不再那么有信心，甚至怀疑自己做出的选择是否适合自己，所以，人们害怕失败。

故事中的推销员比利不知经历过多少挫折，才终于不再害怕失败，彻底走出失败阴影。他的方法是把失败当成自己走向成功的教材，每一次失败都找出原因，告诫自己不要再犯。失败给人们以警醒，善于从错误中反省的人，才能避免犯同样的错误。而那些不懂得自省、一味抱怨的人，只能在一块石头上绊倒第二次、第三次。

孙敬从小就是个不安分的人，经常有许多稀奇古怪的想法，也经常惹事。好在他的本质不坏，健康成长，还考上了重点大学。

大学毕业后，孙敬又开始不安分，他放弃进入著名企业工作的机会，自己办了一本杂志，杂志只出了三期就闭刊了。孙敬之后又开了一个饭店，没过半年，饭店倒闭。再后来孙敬又开了一个专卖店，因为经营不善，这家店也没超过一年。

经过几次失败，孙敬总结经验，最后和朋友一起在一个新行业做起：他们开了一个影楼。朋友发现孙敬是一个很好的合作者，他对各方面的事都有一定经验，而且很少抱怨。孙敬说："出了问题，分析并尽快解决才是关键。"他们一步步分析客人的喜好，终于使影楼走上正轨。后来，孙敬又在很多行业试水，都取得了不俗的成绩。他以实际行动证明：成功可以是一种能力，一种由失败累积的能力。

失败是一个老生常谈的话题，故事里的孙敬一再尝试，一再碰壁，终于明白成功也可以成为一种能力。当你见多识广，有了足够的心理承受力，有了足够的资本，成功就不再是难题。在那之前，无论多少失败都像交了学费，再多一点又如何？一次又一次的挫折，只会让我们看淡失败，习惯那种寂寞与失落，让我们的心更加坚强从容，这是最大的收获。

失败是成功之母。这句话虽简单，却是至理名言，我们大家都知道，却常常忘记。失败能够积累自己的能力，当一个人的能力在各种领域受到挫折，但他仍然能纠正错误，不放弃奋斗，他就已经掌握了比别人更加丰富的知识。他知道的东西更多，见识的事物更广，经历多了，人生自然就会丰富，智慧就在这个时候积淀。

人生最大的成就就是以自己的能力克服失败。我们每个人都要学会走出失败。走出失败并不意味着成功，却意味着你已经具备成功者的心理素质，只有一个不再害怕失败的人才能走向成功。走出失败是一个心理过程，要克服失落感，要重建自信心，最重要的还是要耐得住寂寞。不要以为自己被打败了，你只是经验不够而已。

历练
心有大格局，自有大境界

在急流中择地靠岸

在古代，一位年轻的皇帝登基，当时国家政局不稳，内忧外患不断。新皇锐意革新，选拔了一批年轻能干的大臣辅佐自己，其中有四个人最引人注目，其中一个擅长军事，指挥兵马抵抗外族侵略；一个擅长外交，带领人马深入边疆开辟领土，发展对外关系；第三个胸中有韬略，辅佐皇帝完善内政，保证百姓安居乐业；第四个执行能力强，一手掌管国家机构，使国家行政高速有效率。经过十年时间，国富民强，四夷臣服。皇帝对四位大臣感激不尽，让他们自己提出想要的官职。

第一个人要当护国将军，继续在疆场扬威；第二个人要求在自己开拓的领土封侯，光宗耀祖；第四个人要当宰相，一人之下万人之上。只有第三个人对皇帝说国事已了，想要回家孝养父母，陪伴妻子，皇帝分别答应了他们四个的要求。

又过了十年，留在朝廷的三个人因为功高震主，被皇帝忌惮：或因为朝臣造谣，或因为自己生了歹心，都被皇帝处斩抄家。只有那个功成身退的大臣，不但全家性命得以保全，还常年享受着皇帝的赏赐、百姓的赞扬。

历史上，位高权重的功臣难免功高震主，被皇帝、朝臣们忌惮。这些大臣有的认为自己问心无愧，却被有疑心病的人夺了权柄和性命；有些被逼得不得不造反，没有好下场；还有的人手里的权力多了，贪欲膨胀，想与朝廷抗衡，落得身首异处。只有那些在最显赫的时候退下去的人，才能颐养天年。由此可见，急流勇退是一种处世的智慧。

有一句诗说："高处不胜寒。"一个人的地位太高，收获太多，站在高处的时候，就是危险来临的时候。有太多双眼睛盯着他，有太多人嫉恨他，他的目标明显，防不住那么多明枪暗箭，这时候，是该让自己休息一下。该做的事已经做完，该得到的东西也已经得到，继续贪图身外之物，就会被这些东西困住。不如功成身退，去守自己心里的那一方宁静。

功成身退有时是一种保全自己的策略，有时是完善自身的方式，但也意味着极大的寂寞。曾经的荣华远离自己，看着别人坐上自己曾经的位置，也许那人的能力还不及自己，这种煎熬的心态让人很难忍受。当自己还有能力却只能忍着寂寞时，内心的不甘就会成倍增加。这个时候，我们需要换一换眼光，关注生活的其他部分。

一个即将退休的老人正在办理离职手续。几个年轻人是这位老人一手培养的，一直佩服老人的能力和为人。他们认为这位老人一直是这个行业的业务能手，都为他的离去惋惜。他们对老人说："真是太可惜了，公司少了你，真是一大损失。"

还有人说："现在这个项目已经收尾，明年就会见成效。您是主要负责人，却享受不到这份胜利果实，真让人遗憾啊。"

老人说："项目能做完就好，由谁来享受果实并不重要。而且，退休没什么不好，我一直喜欢钓鱼，现在可以天天去湖边钓鱼。而且，我从小学到高中一直练习毛笔字，工作后时间不够，把这个爱好荒废了，现在可以捡起来。而且退休了还能和老伴一起去旅游，我们已经订了后天去泰山的火车票。还有……"听着老人的退休大计，看着老人丝毫不计较的表情，几个年轻人都很佩服这种心胸气魄。

有的时候，"退"是个人意愿，也有的时候，"退"是情势所迫，面对这样的结果，平和的心态很重要。"退"之后或许不得不面对你内心的寂寞，但同时也是一个新的转机，你可以重新拾起你遗失已久的生活情趣，包括陪伴家人朋友的时间，你可以发展完善自己的爱好，做做一直想尝试却没时间去做的事，这何尝不是一种幸福、一种收获？

人生有退才有进，也许这一种"进"并非在同一方向，但人生本来就不只有一个方向。有些大学老教授年复一年操劳，不是忙科研就是忙教课，忙得像个不停旋转的陀螺，直到退休他们才发现人生真正的乐趣并不是当陀螺。他们后悔过去只顾着工作，忽略了很多早该享受的东西，但青春易逝，惋惜无用。这种领悟也算是一种"进"，至少在今后的岁月中，老人们能更加珍惜生活，让自己的生命更为圆满。

把冷板凳坐热

小周刚刚进入公司人事部工作半年，仍然是一个愣头愣脑的小伙子。他对经理说："我想知道您是如何确定一个人的升职潜力的，为什么您说能升职的，一定是老总会提拔的？"

"这很简单。"经理说，"就拿新人来说，那些肯坐冷板凳的，往往比那些咋咋呼呼的有实力。新人进了公司，难免有个被冷落的过程。这时候，有些新人整天抱怨，说自己怀才不遇；还有一些人从来不吭声，认真地完成任务，主动学习，这样的人，十有八九是有成就的。"小周恍然大悟："原来如此，这样说来，就算在高层领导里，也有坐冷板凳的吧？"

"没错。"经理点头，"一切领域都有坐冷板凳的人，观察一个人的能力，就是看他能否把冷板凳坐热，只有沉得住气的人，才能成大器。"

在现代职场，最有职场眼光的人无疑是每个公司的人事经理，他们能准确地判断员工的个性、能力、适合做什么、会有什么样的发展。人事经理不能未卜先知，看人一眼就说准一个人的未来，他们靠的是观察。有经验的人都知道，真正做大事的人有两点必不可少的要素：一是有能力，二是沉得住气、耐得住寂寞，也就是人们说的能坐冷板凳。

在职场上，坐冷板凳的人最寂寞。似乎永远不会有人来注意他们，既不知道他们做了什么，也不知道他们没做什么，他们看上去可有可无，没有任何存在感。坐冷板凳的人大多认为自己不会有什么成就，他们认为公司少自己不少，多自己不多，有什么机会都到不了自己头上。所以，冷板凳上的人处境艰难。

仔细分析坐冷板凳的原因，要么是这个人能力不够，只能坐冷板凳；要么是上司拿不准你的能力和性格，想要把你放在一个冷僻的位置上，察看你的天资与耐性；还有一个可能就是上级想要升你的职，但要观察一段时间再做最后决定。能力不够，自然不能怪别人；如果能力够却还是在冷板凳上，也不用着急，因为坐冷板凳未必是坏事。

现实职场中，坐冷板凳的结果有三个：一种是耐不住寂寞，跳槽到其他公司；一种是自甘平庸，在冷板凳上一直坐着，一无所成；一种是能够把冷板凳坐热，让人发现自己的优秀，承认自己的价值。在冷板凳上的人常常觉得自己无事可做，这时就要学习，就要钻研如何能把小事做好、做透，让别人能够以小见大，承认你的能力和悟性。

我们每个人都难免会坐冷板凳，这个时候不必心灰意冷，要有面对困难的耐心，还要有耐得住寂寞的韧性。只要心中有对事业的热情、对生活的热情，一定能够感染他人，成就自己。事实上，冷板凳最能考验人，也最能成就人。

信念助你加速前行

人有信念是一件好事，信念就像黑暗中的灯塔，尽管它在远方，它的光却让你觉得温暖，让路途看起来不再遥远。特别是灰心丧气的时刻，想到自己的理想和信念，就会涌出不服输的念头和新的力量，支撑自己在困境中站起来，让疲惫的心灵再次振作。信念，让人们相信不可能可以成为可能，相信前程与未来。

伴随信念而来的不光只有力量和决心，还有寂寞。有时候寂寞来自他人的不理解，当你选择一种事业，做出一项决定，身边的人可能都会反对，认识的人都表示怀疑。这种不被理解的寂寞，虽然不算众叛亲离，也让人难受。这个时候信念就显得更加重要，唯有耐得住寂寞，才能在众人的疑义中坚守自己的选择，做出一番成绩。

王林是管理专业的学生，在大学时，他自修日文。也许是运气不好，他的日语等级考试经常失败。不过，王林并没有放弃学习日文，他一直很努力练习会话，阅读各种日文书籍，并把它作为最大的爱好。

毕业后王林进入一家酒店工作，继续学习日语。公司谁也不知道他有这么个爱好。有一次，酒店来了一位日本客人，当时翻译都不在，负责接待的王林只好硬着头皮和那位客人说话，还帮主管翻译了客人带来的资料。主管惊讶地说："真没想到，你的日文这么好！"

因为优秀的日语水平，王林很快得到了提拔。后来，更被总公司调到日本，负责那里的市场开发。王林庆幸自己从未放弃学习日文，才终于等到派上用场的那一天。

一个人独自做一件事，许久不见成就，难免灰心丧气，觉得寂寞。付出没有回报的滋味不好受。故事中的王林却有自己的开导方法，他把一直在做的事当作爱好，有成绩固然高兴，没有成绩至少有乐趣。如此一来，寂寞便不再是寂寞，而是一种对于学习和提高的信念。事实证明，耐得住寂寞的人才能有丰厚回报。

人为什么能忍受寂寞？因为心中有信念，有一定要达到的目标，这个目标所要的不一定是回报，还可能是一个人的志趣，也有可能是单纯的奉献。因为有了这样的认识，即使中途遇到了挫折和失落，也不必放在心上，因为挫折不断是人生的常态。耐得住寂寞并坚守信念，都是对生命的一种领悟，也是心灵的一次超脱。

历练

心有大格局，自有大境界

第六辑

凡事皆有极困难之时，打得通的便是勇者

为者常成，行者常至。每个人都有面对困境之时，与其缩手缩脚，怨天尤人，哀叹自己没有能力，不如凭借一腔勇气，建立自信，突破险阻，当个响当当的勇者。

逃离困境就是，失去了了解苦难、参透苦难、超越苦难的机会。困难是成功的试金石，勇者无惧，既拥有明日的机会，又拥有充实的人生。

人生多艰，勇者无惧

一位国王想要培养儿子们的品性，他对三位王子说："我有一个心愿，想要去传说中的月亮城看一看。那座城在很远的地方，现在，你们去给我探探路，看看从首都去月亮城，需要多少时日。"

王子们接受了这个任务，结伴上路。他们没想到去月亮城的道路如此艰难，首先要翻过一座大山，然后是一条横亘的河，接下来是野地，还有沙漠……在走到一半的时候，大王子忍受不了旅途辛苦，回去告诉父亲："月亮城太远了，根本没法到达。"

二王子和三王子继续行走。他们又穿过一片沼泽，然后遇到一座

高大的雪山，二王子也回到都城，对父亲说："月亮城太远了，根本无法到达。"

只有小王子经过长途跋涉，到了月亮城。他回到都城后兴奋地告诉父亲："原来月亮城并不远，只需要一个半月的时间。"父亲说："没错，只需要一个半月。"

"难道您早就知道了？"王子们吃惊地说。

"我年轻的时候早就去过月亮城，我让你们去，是想告诉你们，没有比脚更长的路，一切苦难都可以克服。"国王平静地说。

国王想要培养儿子们坚韧的品性，给了他们一个艰难的任务。能够完成任务的王子历经了舟车劳顿和一次次险情，最后才达到父亲的要求。这位王子是个勇敢的人，勇敢不是不怕困难，而是在困难面前从不退却，甚至有些时候要知其不可为而为之。对于勇敢者，一位诗人曾经写过一句诗："没有比脚更长的路，没有比人更高的山。"

每个人都遇到过困境，世界上并没有那么多懦夫，更多的人面对困难都希望自己有勇气排除万难，达到目标。那么，为什么最后成功的人寥寥无几？因为困难太重的时候，他们想到的是尝试着迎难而上，一旦发现困难比想象的还要艰难，就忍不住打起了退堂鼓："我已经做了很多事，能做的已经都做了，现在不是我不坚持，是情况不允许。"于是，带着这种精神上的胜利，他们带着不那么完整的胜利感撤退，困难仍然是困难。

毕业后，尚宇成了职场新人，在一家公司打工，他遇到了一个十分难缠的上司。这个上司最爱挑人毛病，对待新人尚宇，上司可谓时刻观察留意，一有毛病，就要说个没完，还会把这些事告诉老板。更让尚宇受不了的是，一旦工作出了问题，上司就会把责任全部推给尚宇，同事也不会为尚宇说一句公道话。

尚宇只好跳槽。在新公司，尚宇成了优秀员工。可是，他又遇到了一个麻烦的上司，这个上司脾气暴躁，动不动就骂人，骂得十分难听。尚宇心高气傲，又想辞职了事。尚宇的父亲劝他："世界上怎么会有十全十美的上司？如果上司要求严格，你就尽力达到他的要求，这对自己难道不也是一种促进？"尚宇打消了辞职的念头，他工作更加努力。渐渐地，上司对他的印象越来越好，逐渐将他当作重点培养对象。

似乎每一个职场新人都遇到过苛刻的上司，他们或者为人挑剔，或者太过严厉，你做什么都不能让他们满意，这种情况让你不得不怀疑自己的能力或者怀疑他们的用心。不过，为什么一定要把事情分辨个明明白白？只要你继续努力，不被眼前的困境击倒，能力不够可以用努力弥补，上司别有用心你可以用成绩回击，唯有继续努力才是克服困难的办法。

对待困难的时候，最好的方法不是躲避，而是迎难而上。很多人在困难面前容易游移不定，他们对人说自己在思考解决的办法，其实是在左右徘徊，不敢向前迈步，不断纠结要不要换个方向。在时机不成熟的时候，回避困难的确是一种策略，但大多数时候，困难需要你迎上去，困难需要你拿出拼劲，困难需要你硬碰硬，"狭路相逢勇者胜"。

不必为困难纠结太多时间，在逆境中，更能培养一个人勇敢的品性。不够勇敢的人只能与困境长期僵持，越过越难受；懦弱的人会彻底被困境压垮。凡事都有困难之时，与其坐以待毙，不如当个赤手空拳打开局面的勇者。勇敢的人，能把困境踩在脚下，继续前进。

你不敢拼，没人助你成功

年轻人朝气蓬勃，老年人经历丰富，有时候难免会对自己的条件得意，产生争论。有智慧的老人往往不会和年轻人计较，只会以过来人的身份说些经验，让后来人警醒。不是所有年轻人都会成为有智慧的老人，有些人年老后庸碌无为，有些荒唐无稽，就像不是所有花朵都能结出果实。所以，不必为自己今日的资本得意，凡事要看以后。

什么样的鲜花能够成为果实？首先是那些懂得保护自己的、不被人攀折的花朵。这样的花朵会尽量长在最高的枝头，不但能够接受最充足的阳光，也能防止被人摘走。想要成为果实还要有成长意识，它会将根扎进最深的土壤，以汲取最足的养分，让自己越发成熟。

人也是一样，想要有所成就，就要像这些结果的花朵一样，要注意自己的根基，在一开始就要有学习意识，不断地累积，壮大自身。还要知道人往高处走，没有最好只有更好，不断进步才能更好地发展。唯有如此，一个人才能超越自身的限制，不断提高自己，使自己的生命焕发光彩。每个人都是有可能结果的花朵，关键是愿不愿意想、愿不愿意做。

在一家酒店，几个中年女服务员正要交班，这时走来一位衣冠楚楚的女士，她向其中一个女服务员打招呼说："好久不见！最近怎么样？"那位女服务员亲热地挽着女士的手，聊了一会儿天。等到女士走后，其他服务员说："天啊，那不是有名的服装设计师吗？你怎么认识这样的人！"

"哈哈，我当然认识她，在十几年前，她和我一样，都是这里的服务员。"女服务员说。

"那么，你们现在为什么有这么大的差别？"其他服务员问。

"那也不奇怪，因为我一直为薪水工作，而她在那个时候，就自己去报夜校，学习服装设计。她一直为此努力，所以现在她是知名设计师，我还是一个为薪水工作的服务员。"女服务员说。

同样的境遇下，选择不同，结局也会不一样。同样的酒店女服务员，有人可以成为设计师，有人十几年仍然是服务员。如果对这个工作心满意足，生活平安喜乐，任何工作都没有区别。最怕的是内心不满足，自己又不肯努力，只能羡慕别人的成就。

仔细分析人们不努力的原因，会发现并不仅仅是因为懒惰。有些勤勤恳恳的人是因为没有想到，或者干脆不敢想，他们会给自身的境遇设定一个界限。常听这样的人说："我这一辈子就是这个样子了，做不了什么。"事实上没有人限制他们，是他们自己限制了自己，他们在内心里先给自己一个笼子，以为自己永远走不出去。于是，即使机会来到他们面前，他们也会对自己说："不可能，我做不到。"

倘若人们没有足够的勇气去实现梦想，就只能自甘平庸，一辈子碌碌无为，察觉不到自己的优点。生命只有一次，敢于梦想，困难就不再是困难，挑战也成了有意义的尝试，就像拿破仑所说："不想当将军的士兵不是好士兵。"

梦想多毁于半途而废

世界上每一个人都渴望成功，渴望自己的付出得到回报，有多少人的努力停在成功的前一刻？成功有时候就像小和尚挖井，确定了某个地方有水源，要做的事只有一件：使劲挖。如果没常性，东挖一个洞西挖一个洞，费时费力不说，最后还是挖不出一滴水。世界上的事大多成于坚持，败于半途而废。

跑马拉松的人最能体会坚持的重要。当出发的口令响起，众人兴致勃勃地奔上跑道。很快，差距拉开，有人因为没体力而退出，有人因为太累了而退出，剩下的人默默地继续跑，他们知道一旦选择开始，就不能轻易放弃，名次并没有那么重要，重要的是证明自己有这份能力和毅力。在漫长的跑道上，能够坚持到底的人都是勇者。

现实并不是马拉松，马拉松有明确的终点，现实没有。也许你要一直跑，一直看不到尽头。这时候失望与疲倦来得更加强烈，你只能不断告诉自己继续跑，不能放弃。一切都是对自己的锻炼，即使最后不能到达希望的地方，也在路途中得到了诸多经验和乐趣，这不就是人生的真意？

在巴黎有一个裁缝，他的手艺不好不坏，他开了一家制衣店度日。年老后，他给自己的孙子讲起自己的经历：

"我像你这么大的时候，是一个喜欢拉小提琴的小少爷。那时候我家里很有钱，送我去一个音乐家那里学习。音乐家很看重我，他想把所有的本领教给我。可是过了几年，我迷上了赛马，整天在跑马场里度过，荒废了学业，还将父母留下的遗产全都花光了。

"后来，我又开始学习缝纫。师傅说我很有天赋，可是我学到一半，又想当一个雕塑家。于是，我去了巴黎的一所学校学习雕塑。到最后，我什么也没学成，只能用半吊子的缝纫技巧开了这家小店混日子。因为什么事都做不到最后，我一无所成，希望你们不要重蹈我的覆辙。"

有位哲人说："假如时光可以倒流，世界上将有一半的人可以成为伟人。"故事中的老人学过很多东西，从他学什么会什么的情况来看，他是一个极其聪明、可塑性极强的人，之所以没有成就，责任只能归咎于他自己。半途而废，浪费的是自己的时间和才华。

人们常常思考自己正在做的事，有时会想选择另一条路是不是更好。这件事我们应该全面地分析：选定一条路，发现走不通的时候，可以改变方向；但仅仅是旁边出现看似更好的路就改道，却可能得不偿失。因为旧路已经走了一半，只差坚持，新路一切都是未知，很难预测，还不如老老实实地完成自己的努力，要相信一分耕耘一分收获。随随便便改变最初的决定，就像胡萝卜种了一半改种土豆，不但胡萝卜吃不到，土豆也半生不熟。

行百里路半九十，为什么失败的人总是比成功的人多，平庸的人总是比优秀的人多？就是因为前者选择了放弃，后者选择了坚持。前者得到的是一时的安逸，后者得到的却是一辈子的光荣。要做个优秀的人，首先要懂得做个不放弃的勇者。

人生辛苦，困境重重，谁都有过放弃的念头，谁都想换一种更轻松的生活，但要明白换来的未必轻松，放弃的可能是最好的。想要放弃的时候，不妨想想自己选择的理由。人们的选择有时是现实所迫，更多时候是基于某种愿望，放弃一半的努力，就等于放弃全部的希望，你甘心吗？不要轻易说放弃，鸣锣开场的戏剧，你身在其中，就算不是主角，也要演到最后。

正视自我，才能突破困境

森林里正在举行一场演唱会，夜莺和百灵是演唱会上的主角，黄鹂也因它婉转的声音得到评委的青睐。这时，一只猫头鹰上台唱起了歌，那哭丧一样的嗓子让听众们大叫："别唱了！别唱了！听你唱歌简直就是受罪！"

猫头鹰很伤心，它对森林之王哭诉说："同样是鸟，为什么我唱歌就这么难听呢？"

森林之王说："这有什么，你的歌声虽然不好，但在鸟类中，你的视力却是数一数二的。你还有敏捷的动作、锐利的爪子，在黑暗中，很少有鸟类能是你的对手。"

听了森林之王的话，猫头鹰有了信心，它决定发挥自己的特长。它发现自己最适合抓老鼠，于是，它每晚都勤恳地抓田里的老鼠，成了人们赞不绝口的益鸟。

猫头鹰羡慕那些歌喉优美的鸟，并为自己一把倒嗓伤心不已。事实上，比起那些只会唱歌的鸟，猫头鹰不知要能干多少倍。由此可见，一件事的性质常常不是由事实决定，而是由人们的评判标准决定。在松鼠眼里，大象比高山还要巍峨；在大象眼里，松鼠比云彩还要灵巧，倘若它们互相羡慕起来，生活就会被不快占满，不如静下心看看自己的优点。

在生活中，人们常常羡慕那些优秀的人，暗暗幻想自己也有那样的条件。越是羡慕，就越喜欢拿自己和那个人作对比，而且专门拿自己的缺点比人家的优点，拿自己没有的东西去比人家拥有的东西，比来比去，那个人十全十美，自己一无是处。事实上，当你认为自己什么也没有时，幸福已经开始远离你。

更可怕的是，在这种失衡的比较中，羡慕极其容易变为妒忌。妒忌是扭曲人性的魔鬼，它能让人变得狭隘、偏激、阴狠，开始不择手段地获取想要的东西，破坏别人的生活。这种做法损人不利己，只是为了平衡一下自己扭曲的心，更是一种不可取的行为。

有个年轻人正在抱怨自己怀才不遇，他说他总是遇不到伯乐，发挥不了自己的才能，只能过着落魄的生活。

一个老人听到了他的抱怨，就问他说："你还这么年轻，为什么整天不开心呢？"

"因为这个世界不公平，别人那么富有，我却如此贫穷。"年轻人说。

"贫穷？我认为你很富有。"老人说，"比如，我给你一万元，买你一根手指头，你同意吗？"年轻人翻个白眼说："当然不同意！"

"那么，我是一个很有钱的人，现在愿意和你换一下，你来当一个富有却衰老的人，你愿意吗？"老人问。年轻人连忙说："当然不愿意！"

"所以，你身上已经有无价的财富，又何必耽误自己呢？"老人说。

年轻人怀才不遇发牢骚，老人提醒他："年轻才是最大的资本。"可见，当你认为自己一无所有的时候，有些人正拿羡慕的眼神看着你。这个世界上没有人能称自己一无所有，人们之所以会认为自己手里的东西太少，一是因为贪婪，二是因为喜欢和人比较。

在困难面前，人们更容易产生对比心理，他们会想："假如是×××，一定不像我这么费劲"，或者"如果我有××那样的条件，肯定不会这么倒霉"。这些羡慕仍然是一种用来逃避的借口，因为不相信自己的能力，或者对自己的能力不满意，才会对他人的成就念念不忘。退一步讲，难道你有了××的条件，就不会倒霉？难道你有×××的能力，遇到困难就能轻松克服？凡事要看你敢不敢做，能不能做，而不是有没有条件。

想要突破困难首先要正视自我，既要正视优点也要正视缺点。对自大的人来说，要多多留意自己的缺点；对缺乏自信的人来说，要仔细寻找自己的优势。不要总觉得旁人比你优秀，旁人和你一样，甚至在某些方面不如你。他们之所以能突破困境，是因为他们有更坚定的决心和更好的方法，树立起来坚定的决心，把方法学过来，你也一样能成功。

人要承认差距，但也要相信在大的方面，人与人是均衡的。有的时候，人与人的能力的确不尽相同，在同样的事上，有人有天生的优势，有人只能靠后天弥补。这个时候不要死钻牛角尖，感叹自己没有天生的才能，每个人都有天赋，只看你能不能发现。多多尝试，多多行动，总能找到最适合自己的道路，证明自己是个优秀的人。

禁锢我们的，是内心深处的恐惧

害怕困难是每个人都会有的心理，面对困难束手无策的时候，我们也会祈求神灵保佑，安慰自己吉人天相，不同的是，我们知道这仅仅是一种自我安慰。我们总认为困难过于强大，以我们的能力远远不够，想靠他人帮助也觉得希望渺茫。我们也不是不知道困难与机遇并存，可是无论如何也不能向前迈上一步，越拖越怕，越怕越拖，于是，畏惧心理产生了。

为什么我们无法克制自己的畏惧心理？难道困难就那么可怕？其实我们害怕的并不是困难，而是失败，还有伴随着失败而来的失去和心理上的失落。我们能够承担过程中的辛苦，却害怕结果使所有辛苦都白费。这种担心并不是没有道理，一分耕耘并不等于一分收获，每个人都有失败的可能，但一个勇敢的人即使想到最坏的结果，依然会继续努力。

神仙决定在森林里选一位百兽之王，让所有动物都听它的吩咐。动物们听说了这件事，全都跃跃欲试，向神仙吹嘘自己的本事。

"你们说得天花乱坠，我也不知道该听谁，该信谁，不如我们安排一个测试，测测你们谁最勇敢。"神仙说。

神仙把动物们带到一个水池边，对动物们说："这是我刚刚弄出的水池，里边撒满剧毒，你们跳下去后一定要快点划到对岸，不然就会中毒身亡。第一个游过去的，就是百兽之王。"

动物们你看我，我看你，谁都觉得这件事风险太大。不当百兽之王又有什么关系？命才是最重要的。它们不约而同地向后退了又退。

狐狸和狮子一向不和，看到一池毒水，狐狸心生歹意，从背后推了狮子一把。狮子掉进水中，想到横也是死竖也是死，不如放手一搏，于是拼命游向对岸。因为心里没有负担，狮子游得很快。神仙说："那只是一潭普通的水，这么多的动物，只有你是勇敢者！我宣布你就是今后的百兽之王！"

一件事只有真正去做，才会知道它的底细和它的难易程度。很多事看上去很难，其实很简单，只是有个唬人的外表，迷惑了大多数人罢了。就像故事中的狮子被狐狸推下毒水池，等它游了过去，发现水没毒距离也不长，如果早早知道真相，所有的动物恐怕都会跳下去。困难的本质不就是这样？畏难的人永远比迎难而上的人多，迎难而上的人却知道困难没有那么可怕。

人生难免有输赢，有时候我们会发现赢的人不比输的人多什么，他们只是更有胆略，敢做别人不敢去做或者不愿去做的事。输的人并非技不如人，而是在心态上陷入畏惧的泥沼。遇到难题，一味懊恼自责，不思进取，这样的人注定要品尝失败。

享受人生甘苦

山里有两块石头，它们享受着清风明月、绿树野草，偶尔还有人在它们身边谈天，说些奇闻逸事。两块石头生活得很惬意。

一天，一块石头说："我们的生活太平淡了，我希望出去旅行，增长见闻，让自己的生命更有意义。"另一块说："别折腾了，放着好好的日子不过，去增长什么见闻。你有多结实？怎么能忍受那些磕磕碰碰的日子呢？何况还有粉身碎骨的危险！"

"可是，我还是想让生命有意义一点。"石头说。第二天，它请求一个牧童将它带下山。

后来，石头历尽磨难，最后掉进一条河。它在河水里颠簸，磨平了所有棱角。有一天，一双手将它捧了起来，它听到有人说："天啊，这是一块多么精美的石头！"

于是它被带走，变成了博物馆里展览的宝物。而它的同伴，至今也还只是一块普通的山石。

每个人都有贪图安逸的一面，想要日子顺顺当当，事业一帆风顺，人生万事如意。苦难是人人想要回避的，如果可能，谁也不想没苦给自己找点苦来尝。也有一部分人，希望能够锻炼自己，为了锻炼而吃苦，就像故事里的这块石头，被大风大浪打磨得光洁圆润，让人啧啧称赞。想必它在吃苦的时候，心中总是装着日后的甜。

"苦尽甘来"是一个令人向往的成语。困境中的人喜欢拿这个词来安慰自己，他们相信自己不会白白付出，即使没有达到想要的结果，也得到不少经验，积累了不少财富。比起一无所有，这些都是"甘"。人生有高潮就有低谷，苦涩甘甜交织，为了追求甜，必须要经历苦，忍耐苦。只要最后的结果是好的，回头看看那些苦涩的历程，也会不由得佩服自己，心中泛起一丝丝的甜味。

面对困难需要提起勇气，勇气的本质是什么？是抵抗压力的能力。外界的难题带来的焦虑感，无人援手的孤独感，能力不足的惧怕感，前程渺茫的失落感，这一切交织成巨大的压力，沉甸甸地压在心头，让我们喘不过气来。只有勇气能够让我们保持内心的坚强，与焦虑和孤独对抗，让我们不致被困难击倒。甚至有些时候，因为有勇气、有耐心，我们能够把苦难变作一种享受，一种由苦到甜的、生命必经的过程。

一个刚刚开始学小提琴的女孩有个愿望，她想砸烂那把小提琴，因为她完全跟不上老师的讲课节奏。她的老师是个古板的大学教授，每天都要求她练习高难度的曲谱，让女孩完全吃不消。每次去上课，老师都会因为她的错误严厉地批评她，几乎每次都把她骂哭。女孩心理压力太大，再也忍受不住，就跟妈妈说："妈妈，我不想学小提琴了。"

妈妈问清原因后，不但不同情女儿，反倒对女儿说："既然开始学，就要学好，按照老师说的去做，不会让你吃亏。"得不到母亲的支持，无奈的女孩只好依旧战战兢兢地去上音乐课，经常被老师骂哭，继续在心里咒骂小提琴和高难度的曲子。

直到有一天，女孩去参加一个音乐比赛，题目都是有难度的名曲，很多参赛选手无法顺利完成，而年幼的女孩的演奏却感动了不少评委。那一刻，女孩才终于明白老师的苦心。

懂得教育的老师明白心理素质的重要和基础的重要，在平日就把有资质的学生放在艰难的境遇中，让他们承受巨大的压力，磨砺坚韧的品性。唯有如此，在重大场合，他们才能够做到不怯场，只要正常发挥，就能优于他人，得到好成绩。

强大的抗压能力是成功的关键。正如一个经历过磨难的人不会把困难当成一回事，他们的内心早就习惯与困难作斗争。因为习惯了困难，他们有足够的眼光与耐性去观察困难，分析困难，还能在突来的情况下保持理智，对即将到来的危险保持警惕，这些都是抗压能力的体现。因为有了这层心理准备，在任何时候，他们都能够鼓起勇气，打起精神。